益生菌生成物的驚人效果

吃好菌 不如養好菌

謝明哲◎監修

安靖汝．李玲宜．楊莉君◎合著

晨星出版

【推薦一】

直接在腸道新生與活化的好菌

臺北醫學大學　講座教授／謝明哲

隨著大眾對健康知識的關注提升，腸道健康的議題不斷被提出來探討，原因在於腸道是人體健康運作的根源，就像「腸道好，活到老」這耳熟能詳的廣告詞，可說是道盡了腸道對於人體整體健康的重要性與主要性。

而要維持腸道健康，就一定要提到腸道菌，因為體內腸道菌是維持身體活力健康的重要關鍵，近年來許多研究發現，人體的腸道裡棲息著為數龐大的細菌，數量達百兆之多，但腸道菌也有分「好菌」、「壞菌」、「中間菌」，其中好菌更負責人體主要的營養吸收、免疫、代謝、排毒等，一旦「壞菌」過多，而「好菌」又無法維持，那麼腸道菌不健康，我們身體當然就不健康，腸道菌生病，我們自然就容易生病。

維持腸道健康方法很多，很多人會選擇直接食用益生菌來增加腸道好菌數量，而根據多年在醫學界的探討與經驗分析，直接食用益生菌產品有下列幾項限制之處，包括：好菌會被胃酸與膽鹼殺死、好菌到達腸道中無法停留、外來好菌無法成爲體內的腸道益菌，同時好菌種類如何能增加且在腸道中生長，都是醫學界一直努力研究的目標，如今，「益生菌生成物」的問世，透過提供體內腸道好菌營養與活力來源，直接在體內腸道新生與活化好菌，就完全克服了上述困擾，爲人類健康帶來全新的領域。

益生菌生成物本身並非活菌，而是以特殊菌種利用天然素材培養發酵，經過長時間的熟成、過濾、純化等專業技術製成的生成物，含有豐富的活性異黃酮、皂素、核酸、胺基酸、礦物質與維生素等，這些成分能自然促進自身腸道的原生益菌生長，保持原有自身腸道的菌叢生態，同時活化與增生體內腸道好菌、更能同時減少壞菌的數量，藉由最符合「自然原則」的方式由體內腸道自行量身訂做好菌並照顧腸道健康與維持腸道環境，進而調節與增強人體免疫系列功能，如此才能面對越來越多變的病毒和病菌侵擾，畢竟生命只有一次，我們既然無法改變外在的環境，就必須要讓我們的身體更強健，才足以面對危機重重的健康挑戰。

本書摒除了艱澀的學術理論，即使沒有醫學背景的讀者，也能透過淺顯易懂的文字，了解益生菌生成物對身體的實際應用，這樣的新觀點勢必成爲重要的保健概念，更希望能增進人們了解眞正健康的關鍵因素。

關於謝明哲　博士

■學歷：臺灣大學農業化學研究所博士

■經歷：臺北醫學大學教授、系主任、研究所所長、學務長、公共衛生暨營養學院院長及副校長
中華民國營養學會第八、九任理事長
中華民國肥胖研究學會第一、二任理事長

■現任：臺北醫學大學講座教授

【推薦二】

益生菌生成物

佰研生化科技股份有限公司　總顧問／羅文森

我們這些在臺灣的教育系統下長大的人，小學六年的努力方向就是考上一所好的中學，進了好的中學以後，才有希望考進好的大學。所以小學六年努力的念書，不斷的補習。上了中學以後，才慢慢的了解，原來念書，也可以跟同學們在操場上踢球，周末可以騎腳踏車到郊外去玩。到了初中二年級，開始念生理衛生的時候，才知道原來男生跟女生是不一樣的，也才開始認識自己的身體。很可惜，過了初二以後，就沒有別的機會可以學得更多了。

民國五十五年，我考進了私立東海大學化學系，畢業以後繼續到美國去念化學研究所，念完博士學位以後，開始工作，一步一步地進入了製藥行業，有將近二十年的時間，對自己的身體與健康越來越深入地了解，也才知道我們的身體有多奧妙，眞可以說是學無止境。

本書將我們的腸道生態說得很仔細，讀者也很容易懂。其實腸道是一個非常重要卻經常被忽略的器官。我第一次聽到我們的小腸有6～8公尺長，我就跳了起來，仔細的端詳自己的肚子，很難想像自己扁扁的肚子裏會有那麼長的一條東西。

繼續研究才知道，腸道裡的絨毛，如果全部展開，整個的面積超過一個網球場，而且很多資料都這樣說。我們也到實驗室去，把動物的小腸打開，把絨毛展開，用放大鏡仔細觀察，仔細的計算展開的面積，果然是大得驚人。後來到網球場去打球的時候，都不斷地看自己的肚子。

小腸裡不但是面積很大，而且還有四百到六百種細菌，在厭氧的環境下默默的工作。我們身體裡的所有的器官都需要養分與能量，而這些都是由小腸裡的菌叢把吃進去的食物分解然後吸收的。我們吃進去的東西也有很多是對身體有害的，小腸裡的菌叢把對我們有害的東西，很仔細得挑出來，然後再排泄出去。

有很多的資料顯示，小腸是我們身體裡除了大腦以外最重要的一個器官。甚至於我們大腦裡面神經傳遞所需要的血清素，也都在我們的小腸裡。

製造益生菌生成物的公司是以維護消費者健康爲己任，而非賺錢。因爲現在已經很難找到有哪一家公司願意花一年的時間把大豆、薏仁和芝麻，在極爲複雜的條件下作出產品來。

這本書不但淺顯且仔細地，告訴我們腸道的基本知識，也給我們如何保護跟增生腸道內的好菌藉以去除壞菌，把中間菌轉變成好菌。請將此書當作參考書，更深入地了解自己的身體，並且把所學到的東西與朋友分享，一定會受用無窮的。

關於羅文森　博士

■學歷：東海大學化學系畢業
　美國奧柏林大學化學碩士
　紐約州立大學石溪分校物理化學博士
■經歷：美國莊臣公司／臺灣莊臣公司總經理
　美商華納蘭茂集團公司／臺灣公司總裁
　羅氏企管顧問公司負責人
　美國華生制藥公司／亞洲地區總裁
　臺灣天騄生技公司的顧問以及常州同大消費品公司的顧問
■現任：現任佰研生化科技股份有限公司總顧問
　現任臺灣和成公司的資深顧問

【推薦三】

謹以 個人一生對生物科技的經歷與研究心得 鄭重推薦

健康不老關鍵——益生菌生成物！

陳熙林 教授

本人從事生技製藥研發工作已歷數十載，從早期在食品公司擔任醱酵製程與創新產品顧問，到後來創辦汎球藥理研究所——此機構主要以研發新藥的藥理研究及微生物菌種開發及改良的醱酵研究，主要的客戶均爲世界各大藥廠、生技公司及食品公司，每天所從事的工作都與我們的健康生活息息相關，根據個人一生的經歷與研究心得，深深體會到腸內益生菌的奧妙與其對人體健康的重大貢獻。

對人體有益的微生物，都可以稱之爲益生菌，菌種經由攝取進入人體，要到達其他部位並不容易，俗稱的益生菌主要指的是在腸胃道及其附近，對人體健康有益的好菌。它同時扮演著預防與治療的雙重角色，目前比較常聽到的益生菌，是乳酸桿菌（即是一般所說的L菌），其中最有名的就是嗜酸性乳酸桿菌（即一般所說的A菌）、副乳酪乳酸桿菌（一般稱爲LP菌）等；另一種也非常有名的，是比菲德氏菌（即一般所說的B菌），例如雷特氏B菌、龍根氏B菌等。益生菌通常具有抑制壞菌生長、調整腸胃道免疫功能、及幫助消化乳糖和寡醣等優點。當腸道菌相失衡導致壞菌佔優勢時，人體將會出現許多疾病，如抵抗力減弱，過敏、衰老等症狀，解決之道在如何恢復以益生菌爲優勢的菌相。所以腸道菌相的研究一直是醫學上非常熱門的題材。

一般通常見的醱酵產品，如優格、優酪乳等，雖然含有活的益生菌，但並沒有強大到足以保護我們。因爲這些菌種被攝取後，經過胃酸及膽鹼的嚴重破壞，在到達腸道前大多數已經死亡，少數存留下來的益生菌，在抵達腸道時，並不能附著在腸道上面，只會隨糞便排出，可說是一種通過菌；況且在腸道無氧的狀態下，根本無法存活。所以寄望透過攝食優格、優酪乳以補充腸內益生菌，簡直是緣木求魚。爲了尋找補充腸內益生菌的有效方法，科學家在西元一九九〇年之後，曾嘗試使用各種包覆菌種的技術，讓益生菌順利達到腸道以發揮其應有的作用，但成效有限。俗語說「窮則變，變則通」，科學家終於出現了「與其吃好菌不如養好菌」的新思維。尋找不被胃酸及膽鹼破壞又能夠強化益生菌繁殖增生的食物，乃是科學家近年來所努力的目標。經過漫長的時間研發所製造出來的「益生菌生成物」，正符合了這種條件與需求而問世，有了它，將改善腸道菌相，使大眾的健康獲得保障。

人人皆知以五穀類爲培養基所醱酵出來的產品是最天然安全，但要找到眞正安全又有效的產品，誠非易事。過程的艱辛非一般人所能體會，從菌種及五穀類的篩選，發酵條件的最適化，發酵產物的分離、萃取、濃縮與純化，到安全性與功效測試，沒有堅定不移的信心、堅強的研發團隊及雄厚的資金作後盾是不可能辦到的。本人有幸領導佰研生技團隊，一一克服在漫長研發中，所遇到的困難與挑戰，更慶幸克緹集團負責人陳武剛董事長及佰研生技陳樂維董事長爲了人類健康著想，以及對本團隊的充分信任與支持，投入大筆資金，讓研發團隊在沒有資金壓力的情況下，得以放手進行非常完整的研究與實驗。經過長達十年的研究，終於精挑細選最適合於華人的多種益生菌進行單獨最適化培養，再將它們共棲培養於三種最優質的天然素材（非基因改造大豆、薏仁與芝麻），模擬腸道中無氧環境，以最適當的發酵條件（包含酸鹼值與恆濕恆溫），歷經365天，二階段熟成，過濾分離殘餘物，萃取純化出對人體有效益的成分，以此成份讓益生菌不斷進行自我進化、優化而分泌更好的生成物，再經低溫濃縮、萃取純化等繁複程序，淬煉成「益菌共生萃取液」，也就是「益生菌生成物」，以此原料製成質純量足的「益生菌生成物」濃縮液狀食品，提供注重腸道保健的有識之士享用。

很榮幸能推廣這本書，讓社會大眾充分瞭解「益生菌生成物」的作用機轉，以及「益生菌生成物」在維持及改善腸道菌相平衡所扮演的重要角色。它是一本淺顯易懂，日常生活保健必備的參考書，它提醒我們維持腸道菌相平衡的重要，並告訴我們如何達到此目標——均衡飲食、正常作息、適當運動與一顆喜樂的心。而「益生菌生成物」將是預防與治療腸道菌相失衡的不二選擇，但願所有人因讀了這本書而開始並持續注重自己腸道健康，以保青春活力，更期待大家因自身受惠而以傳播福音的心情，分享給周遭的親戚朋友。

關於陳熙林　教授

■曾任：臺灣必治妥藥理研究所　研究員
　　　　汎球藥理研究所（股）公司　創辦人／董事長

■現任：佰研醱酵研究所　研發負責人

■汎球醱酵研究所　簡介：

汎球藥理研究所創立於民國六十年，主要分為藥理研究所與醱酵研究所。

藥理研究所：專職於中西方藥物的藥理測試工作，主要的業務為接受客户的委託，以協助客户從事新藥的開發及藥效的評估，是業界最有經驗的藥理試驗委託研究服務機構。

醱酵研究所：專職於菌種改良、醱酵產程、厭氧操作及新藥開發之天然物資源的專業合約研發機構。主要客户群均為國際各大藥廠、食品廠、化學工廠、生技公司及藥物研究開發機構。

【推薦四】

健康的新思維

上海營養學會　副理事長／蔡美琴

毒素堆積，不僅僅讓你看上去肌膚暗沉、失去光澤、容顏憔悴，你還會發現自己免疫力下降、經常疲乏、腸胃敏感、記憶力減退，甚至衰老也會提早到來。所以，及時排除毒素，才可以拯救機體活力。

腸道是人體排毒的主要通路，維持腸道健康非常重要。本書深入淺出地論述了腸道內菌群的分佈與作用、如何有效補充益生菌，以及益生菌提升人體免疫力的作用；仔細分析了腸道內缺乏益生菌會對人體健康造成哪些不良後果，甚至引發哪些嚴重的疾病；提出了「吃好菌不如養好菌」的健康新思維。

我特別願意推薦此書的一個原因是它的實用性。針對每個年齡層人群不同的身體狀況，作者詳細論述了他們缺乏腸道益生菌可能發生的情況及會遭遇到的身體問題，從而更好地方便讀者瞭解合理補充益生菌的重要性和培養方法。

儘管本書所涉及的醫學理論和課題並不簡單，但讀起來非常輕鬆，在使讀者瞭解科學知識的同時，又可以切合實際，對自己的身體健康產生積極的影響，使讀者受益匪淺。

我從事營養學研究與臨床實踐二十多年，根據我的經驗，相信本書傳授的知識會給閱讀者一種有益的幫助，所以，我非常樂意向讀者推薦本書。

論營養，無非是吃什麼、如何吃，對各種營養素進行分析，以人體適當所需，合理營養，均衡膳食。近年來對益生菌的功效和如何有效攝入的討論也非常熱門，介紹益生菌產品也大行其道。但系統地介紹如何讓益生菌在自己的身體裡好好生長、「養好菌」使之形成自身的抵抗力，這樣的出版物非常少。

大家對營養食療養生越來越關心，其實，養生不僅僅是讀幾本書那麼簡單，必須是在體悟生命、認識自我、認識自然的實踐中完成對人體智慧、乃至生命智慧的認知。

目錄 contents

目錄 contents

目錄 contents

第一章

人類食用益生菌的歷程

「腸道好，人不老」、「腸道不老，健康不倒」，近年來，腸道保健一直是個熱門的健康話題，隨著年齡增加，腸道中的好菌數量越來越少，而壞菌數量越來越多，補充益生菌等食品來維持腸道健康，已成爲一般社會大眾的保健常識，而其中，又以乳酸菌是「益生菌家族」中最重要的一群。

益生菌（Probiotics）這個字是在西元一九五四年首次出現，基本定義爲「某一種或複數種微生物在人類食用或餵食於動物時，可增進其腸內菌叢之品質」，益生菌必須是從人體腸道所分離出來活的微生物，食用之後能通過胃酸、膽汁和消化酵素等考驗，進入腸道後能暫時附著、存活並且繁殖，以發揮其生理功能。

而乳酸菌是指能夠代謝醣類、產生百分之五十以上乳酸之益生菌種，人類飲用發酵乳品歷史非常悠久，所以，乳酸菌一直被認爲是非常安全的菌種（GRAS, Generally Recognized As Safe），也是最具代表性的腸內有益菌。

乳酸菌首次被發現已有一百多年

西元一八九九年，法國科學家亨利德席爾（Henry Tissier）從喝母乳的嬰兒排泄物中分離了乳酸菌，因而開啓了接下來一百多年乳酸菌的研究領域，但隨著生物科技研究的發展，乳酸菌的攝取型態不同，對人體的健康助益也隨之增加與改變。

七○年代：吃活菌，但菌種不耐胃酸與膽鹼的考驗，容易死亡，等於吃死菌。

法國科學家亨利德席爾最早開始發現乳酸菌，並依其形狀命名爲普通雙叉桿菌（Bacillus Bifidus- communis），也就是比菲德氏菌其中文名稱是由英文 Bifidobacteria 直接音譯而來。

乳酸菌之父：艾利梅屈尼可夫

接著西元一九○八年的前蘇聯諾貝爾生理及醫學獎得主——艾利梅屈尼可夫（Elie Metchnikoff）發現在優格的發源地——巴爾幹半島的保加利亞（Bulgarian），當地的人由於每天飲用酸奶，所以保加利亞人才會比其他地區的人來得長壽，其中最主要的關鍵就在於乳酸菌。他曾出書大力提倡人類應經常服用乳酸菌來延長壽命，因被稱為「乳酸菌之父」，還留下一句名言：「死亡從大腸開始」。

後來一位日本學者代田稔（Dr. Minoru Shirota）受到他的啓發，於西元一九三〇年首次成功分離出乳酸菌，並將其商品化，也就是大家耳熟能詳的「養樂多」，從此開始，食用優酪乳與發酵乳之類的乳酸菌食品，來維持身體健康漸漸成為基本健康保養觀念，尤其是一九七〇年之後。

但當時的乳酸菌（益生菌）產品眞的能發揮作用嗎？乳酸菌（益生菌）的主要功能是在腸道才能發揮作用，但在其經過胃與十二指腸時，菌種要能耐胃酸、膽汁、消化酵素等多層的考驗，最後進入腸道才能附著、存活與繁殖。而且在乳酸菌的生產、包裝及運送過程皆要保持其品質的穩定，否則吃下肚後可能也只是攝取到一堆死菌。

很不幸的，大多數在七〇年代銷售的乳酸菌（益生菌）產品，菌種大多無法通過胃酸、膽鹼與消化酵素的考驗，在菌種到達腸道之前皆已經死亡，無法發揮保健作用，因此食用這些產品只是一種安慰與浪費罷了。

你應該要知道的營養知識

‧乳酸菌與益生菌到底有甚麼不同？

乳酸菌，是指能代謝醣類，且產生百分之五十以上乳酸之細菌，是腸內「有益菌」的代表細菌，我們所熟知的乳酸菌包括乳酸桿菌 *Lactobacillus*、鏈球菌 *Streptococcus*、念球菌 *Leuconostoc* 等，而益生菌的定義爲**「活性微生物，若餵食予宿主（動物、人類），則可改善宿主腸內微生物的相對平衡，直接對宿主的腸道有正面的效益」**，簡單說，凡會對人體健康有正面的幫助的細菌，就稱爲益生菌。

我們通常會把乳酸菌與益生菌混爲一談，嚴格來說，乳酸菌是屬於益生菌的其中一種，但益生菌並不僅只有乳酸菌，如部分酵母菌也是益生菌的一員，但因乳酸菌是益生菌中最重要的一群，故我們也常說乳酸菌就是益生菌的代表。

九○年代：吃有包覆的活菌，例如晶球乳酸菌，因而出現琳瑯滿目的益生菌產品，多標榜菌種菌數多。

爲了解決益生菌不耐酸鹼的特性，在西元一九九○年之後，科學家們研發出各種包覆菌種的技術，讓益生菌能完整包覆，順利到達腸道發揮作用，技術演變如下：

- **第一代的巨包埋型益生菌**：一般是利用硬膠囊包裹，保護益生菌通過胃部，但是釋出益生菌的時機不定。
- **第二代的微膠囊包埋型益生菌**：以微膠囊包覆，耐久存、耐胃酸，但是不易溶解，在腸道中需要六小時左右才能溶解釋出，因此一般只用在雙歧桿菌的包埋。
- **最新一代的雙層微包埋型益生菌**：最新型雙層包埋技術處理，同時結合特殊膠囊與蛋白質的包覆成分，不僅耐久存、耐胃酸，且到達腸道後立即釋出。

雖然新的技術能解決益生菌不耐酸鹼的問題，但又衍生出另一個問題：各家廠牌都極力宣稱菌種與菌數多，似乎菌的種類與數量的多寡就能代表功效。

但後來的研究發現，人體腸道中有400～600種不同的菌株，如益生菌、酵母菌、大腸桿菌等，總數量高達百兆之多，他們以共生棲息的方式相互作用，而且菌種的生長也需要營養源，如果腸道沒有足夠的營養源，菌種也會死亡。

再者，吃進體內的外來益生菌，通常在10～12小時候會自然排出體外，無法定殖於腸道內，所以只能稱爲「通過菌」，並不能與腸道菌產生共生的作用，因此，攝取活菌對人體的效果是短暫有限的，並無法帶來優異的生理效益。

新思維：吃好菌不如養好菌

直接攝取益生菌的缺點被發現之後，科學家們又提出另一個思維：也就是吃好菌不如養好菌的概念，因而有益生菌生成物的研發，也就是能幫助腸道本身益生菌與有益菌生長的物質，讓人體自行繁殖所需要的好菌。

腸道中的菌叢可分爲好菌、壞菌和中間菌，好菌與壞菌彼此之間互爲消長，而中間菌可說是伺機菌，當我們身體好的時候，伺機菌會轉變爲好菌，但當我們身體差的時候，伺機菌就會化身爲壞菌。要達到腸道保健功效，就要促進腸道中好菌的生長，減少壞菌的數量。能幫助好菌生長的這類物質我們統稱爲「益菌生」，通常是指不能消化的食物原料，幾乎百分之百通過上消化道，直到消化道後段才會被選擇性發酵，並會促進腸道內一種或數種好菌的生長及活化，包括了纖維、寡醣和益生菌生成物。

其中纖維與寡醣是屬於大分子物質，在腸道中雖然會被好菌分解、代謝成其他對菌體有益的營養物質，但根據研究顯示，其被吸收所需要的時間是24～36小時，所以腸道中的好菌才能充分利用我們吃進去的益菌生長，此外，腸道的好菌在利用營養源的代謝過程中，很容易造成腹脹、排氣甚至腹痛、腹瀉等不適的現象。

相對的益生菌生成物，不僅擁有纖維與寡醣在腸道內的優點，同時也解決了腹痛與腹瀉的困擾。

「益生菌生成物」之所以那麼神奇是因為，它是由七種腸道益生菌與營養豐富的非基因改造大豆、薏仁、芝麻進行365天的共棲培養，再經過熟成與過濾所得到的益生菌生成物，此過程原本應該要在腸道內進行，如今移到體外進行，因此人體攝取益生菌生成物可

立即被腸道利用，不需要再耗費時間進行分解與代謝，也不會發生纖維與寡醣存在的腹瀉與脹氣的問題。

優

種類	益生菌	一般益菌生（纖維、寡醣等）	益生菌生成物
耐胃酸與膽鹼	差	佳	佳
耐熱度	差	佳	佳
增加腸道好菌的功效	不佳	佳	非常好
副作用	無	腹脹、排氣、腹痛	無

第二章

你一定要了解 益生菌生成物

人體的腸道裡棲息著爲數龐大的細菌，數量達百兆之多，種類也有400～600種，這些細菌並不是雜亂的生長在一起，而是有如群聚生長的植物，依種類不同，而各自有生長的空間，這樣的群體稱爲「腸內菌叢」或「腸內菌落」。

雖然是肉眼看不到的細菌，但因爲數量龐大，總重量可達1～1.5公斤，我們的健康可說是由重達1公斤的細菌所決定。

腸內細菌的作用相當多，影響全身體的健康，而且具體的作用如下：

- 產生抗菌物質、對致癌及致病菌具拮抗力。
- 促進維生素B群及維生素K的合成及酵素產生。
- 穩定腸道菌相，去除腸內病菌；產生抗菌物質，增強宿主免疫力。
- 降低膽固醇含量。
- 降低大腸癌的風險。
- 抑制癌症及腫瘤生長。
- 與致病菌競爭，可在腸道上皮細胞附著及形成屏璧作用
- 維持腸道表面保護層的完整免疫調節作用。

・改變過敏蛋白質的抗原性，以及降低過敏反應的程度。
・促進乳糖的消化，改善乳糖不耐症。
・改善抗生素所導致腸道益菌的減少。
・解除習慣性便祕。

腸內細菌不僅具有上述功效，另一項重大功能就是「製造體內酵素」。酵素是所有生命活動的根源，當體內缺乏酵素時，器官便會開始衰老，人體也就開始老化，因此，想要活得長壽、活得健康，就必須要培養腸道的益生菌。

益生菌生成物引起熱烈討論的原因

二十世紀中葉，科學家從基督教、回教與佛教的教典中，發現利用益生菌生成物進行治療的記載，其中將益生菌發酵液經過滅菌後的代謝物質，可以直接提供體內腸道原益生菌營養，促進生長，直接達到養生保健的功效，且不會有攝食活菌的缺點。

人體是由無數個細胞構成的個體，當身體的細胞富滿能量、活力充沛，正常運作時，就擁有所謂的「健康」；正常的生活飲食、規律的生活作息、搭配適當的運動，是打造健康身體的必須要件。但現代人常常飲食過於油膩、日夜顛倒又缺乏運動，因此尋找能活化全身細胞的物質就變成是科學家的首要任務了。因此有了益生菌生成物的發現，確實是現代生物科技的一大突破。

益生菌生成物具有活化細胞的功能，可以使我們全身上下，從內臟、肌肉、神經到皮膚都活絡起來，讓身體生氣勃勃、健康有活力。當身體處在疾病狀態，益生菌生成物都可以使該處衰弱的細胞回復應有的機能。

日常生活呼吸、消化、吸收、體溫恆定、腺體分泌等等，這些有意識無意識的生理現象，全部都要靠酵素來維持。體內酵素可說是生命運作的基礎，且隨著年齡增長，體內酵素會越用越少。不幸的是，人體一生可以製造的酵素是有限的，當體內酵素變少時，人就會提早老化、免疫力下降且容易生病，根據研究，幼兒體內的酵素相當於老人的一百倍。未經加熱的生鮮食物，例如蔬菜、水果、魚貝類等，或是發酵食品都含有酵素，多攝取這類食物是一個很好的補充方式，另一個方式，就是可藉由腸道內的好菌來製造人體所需要的酵素。

而益生菌生成物就是一種不含任何酵素，但當人體攝取後，會提供腸道原益生菌所需要的營養，能提升好菌增加的功能，因爲腸道好菌本身具有製造酵素前驅物的能力，而這些酵素前驅物會轉變成身體所需要的酵素以供身體所需，因此，益生菌生成物具有啓動、活化與加強身體自身製造酵素的能力。

益生菌生成物的生產過程

日本 Masagaki 家族一開始以多種腸道益生菌與牛乳進行混合發酵，經高溫滅菌後濃縮，成功開發出全新的益生菌代謝物質。但以牛乳作爲培養素材常因乳牛品種、氣候、餵食的牧草不同而產生差異，無法生產品質穩定的益生菌生成物，最後經過多次研發試驗，選擇以天然非基因改造大豆、薏仁與芝麻三種富含植物性蛋白、礦物質與維生素的素材作爲培養基底，開發出品質穩定的益生菌生成物。

人體腸道本身是厭氧的環境，想在體外成功培育益生菌生成物，首先要模擬腸道厭氧環境，再將益生菌叢培植在與腸道完整、相近的生態體系，發揮菌叢集體的生理功效。

拜生物科技的進步所研發出的「厭氧共棲發酵」技術，即是利用益生菌與宿主之間的

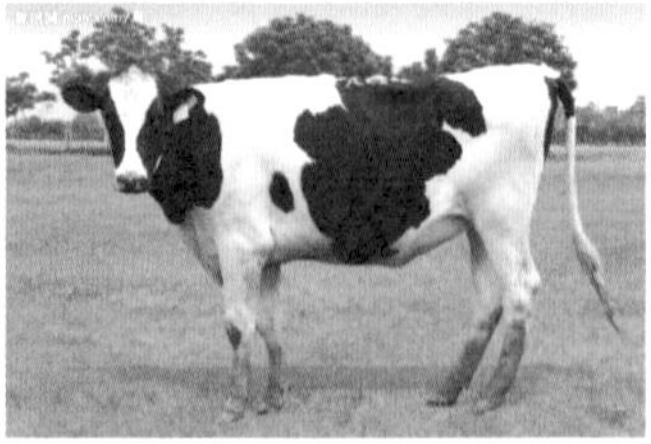

舊一代的培養基：牛乳

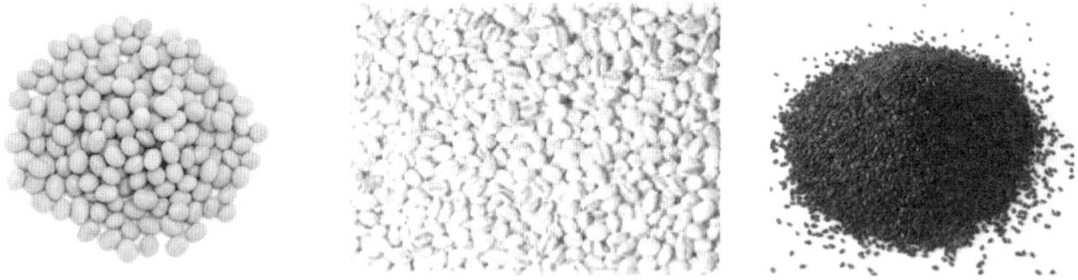

新一代的培養基：有機大豆、薏仁、芝麻

共生關係，模擬腸道厭氧環境，將氧氣完全去除，爲了達到共生目的，先將多種益生菌純粹培養，再依相近的生理活性分成許多族群，以不同條件培養，當生長一致後，再集中與培養基（非基因改造大豆、薏仁、芝麻）進行發酵。發酵完成後，經過滅菌、離心、過濾、濃縮及長達365天熟成等程序，最後製成「益生菌生成物」。

要生產品質純淨的益生菌生成物，菌種、原料、環境、技術、時間等各方面都要嚴密的配合。加上缺一不可嚴選優良的菌

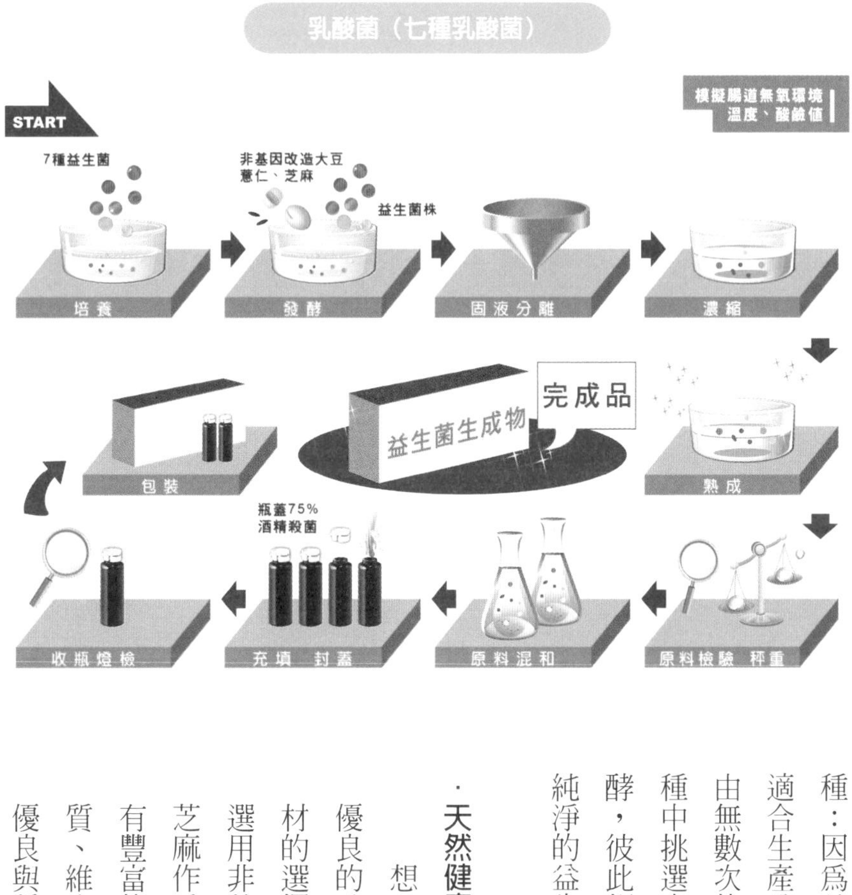

種：因爲並非所有的益生菌種都適合生產益生菌生成物，必須經由無數次的試驗，從數百株的菌種中挑選出七種菌種進行共棲發酵，彼此相輔相成，發酵生產最純淨的益生菌生成物。

·天然健康的培育素材：

想要生產出品質穩定、優良的益生菌生成物，培育素材的選擇佔很重要的一部分。選用非基因改造大豆、薏仁、芝麻作爲培育素材，除本身具有豐富的植物性蛋白質、礦物質、維生素之外，更要求品質優良與穩定，並且摒除動物性

人類一生中腸道微生物的變化

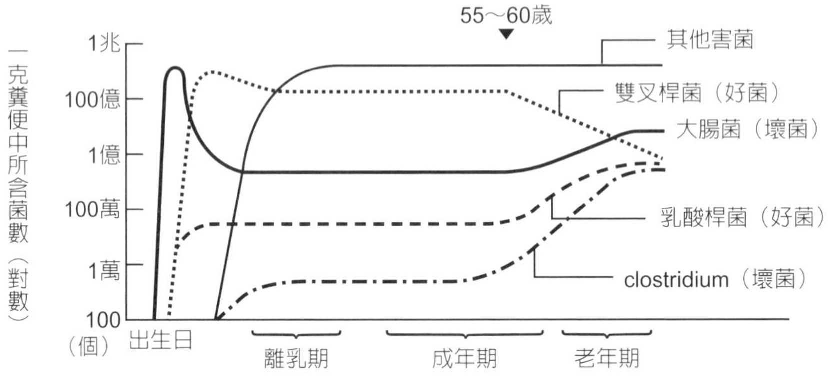

蛋白質常因氣候與飼養條件的不同可能產生差異的問題。

益生菌生成物利用植物性素材作爲培養基的基底，加入七種益生菌種培養發酵，在製作過程不添加食品添加物、人工香料與防腐劑，即使素食者也可安心食用。

・嚴密的共棲發酵過程：

在發酵的過程中，溫濕度的控制是最重要的環節，因爲益生菌種在恆溫恆濕的狀態下，菌種與發酵過程要穩定，才能製造出品質優良的益生菌生成物。

・長時間熟成：

益生菌生成物本身是發酵產物，必須在

穩定的環境條件下，經過長時間的熟成作用，通常必須長達365天以上，才能製造優良品質的益生菌生成物。

益生菌生成物不僅可幫助腸道好菌生長，還有多種有益人體營養成分，活性異黃酮、果寡醣、多醣體、大豆皂苷、木酚素、核酸、必須胺基酸、天然維生素和礦物質等，可說是補充腸道營養，改善身體健康最好的天然食品。

養好菌更勝於吃好菌

現代人腸道的菌叢平衡狀態會受到疾病、藥物（例如抗生素）、飲食和生活習慣等因素而改變，當腸道好菌大幅減少時，那麼腸道即會快速老化，使身體機能無法正常運作，嚴重損害人體的健康。所以若要達到菌相平衡，就必需促進腸道中好菌的增長，減少壞菌的數量，才能維持身體的健康。

人類腸道中存在著數千億甚至萬億計的細菌。在人類發展漫長的過程中，它們一方面與人類健康建立起非常融洽的關係，另一方面在不同類的細菌之間處於一種平衡的狀態，這種人與微生物的融洽關係，以及各種不同細菌之間的平衡狀態，就叫做微生態平衡，是人類健康的重要保證與指標。

人體的腸道裡約有400～600多種，數目達百兆之多的細菌，可分爲好菌、壞菌及中間菌。好菌可以幫助維持腸道健康、調節免疫機能、代謝廢物及防止老化等，反之，壞菌則會製造危害人體的毒素、破壞免疫機能，是造成腸道老化的元凶。

腸道內龐大的細菌軍團中，益生菌是腸道中的優勢菌種，因具有保護生物體不受病菌感染、抑制腸內腐敗、製造維生素、促進腸蠕動、防止便祕、防治腹瀉、提高生物體免疫力和分解致癌物質等重要生理功能，因此成爲保障人體健康的一個十分重要的因素。

剛出生的嬰兒，腸道處於無菌狀態，出生後，腸道中好菌是多於壞菌的，如果**餵食母乳，腸道日後好菌的量也會遠多於餵食牛乳的嬰兒**。

但隨著年齡增長，腸道中的壞菌數量會漸漸增多，若好菌沒有跟著增加，那麼腸道中菌相就會失衡，疾病因此產生，人們把這種腸菌群的有規律變化，稱為人體的第三種年齡

「腸道年齡」

「腸道年齡」。健康的人，腸道年齡應小於實際年齡，腸道內的好菌必須佔多數。

想知道自己的腸道年齡嗎？我們來爲自己的腸道做個小診斷吧！請根據平日的飲食、排便、生活狀況勾選下列選項，即可知道自己的腸道年齡（可複選）。

【飲食習慣】

□常常沒吃早餐
□吃早餐時間短又急
□吃飯時間不定
□覺得蔬菜攝取量不足
□喜歡吃肉類
□不喜歡喝牛乳或乳製品
□一星期在外用餐四次以上

【排便狀況】

□不用力就很難排便
□即使上過廁所也覺得排不乾淨
□排便很硬很難排出
□排便呈現一顆顆
□有時候排便很軟或腹瀉
□排便的顏色很深、偏黑
□排便很臭
□排氣（屁）很臭
□排便都沈到馬桶的底部

【生活狀況】

□排便時間不定
□常抽菸
□臉色不佳，常常被說老了
□肌膚粗糙、長痘子或乾裂等各種煩惱

□覺得運動量不足
□不容易睡著
□睡眠不足
□經常感到壓力

【診斷結果】

- **圈選0個**：腸道年齡比實際年齡輕，是最理想健康的腸道狀態。
- **圈選4個以下**：腸道年齡＝實際年齡＋5歲，腸道年齡比實際年齡稍高一點，必須要多注意腸道健康。
- **圈選5～9個**：腸道年齡＝實際年齡＋10歲，腸道已有老化現象，要注意飲食、保持作息正常、管理腸道健康。
- **圈選10～14個**：腸道年齡＝實際年齡＋20歲，腸道年齡已老化並走下坡，需徹底改變飲食、生活習慣、強化腸道健康。
- **圈選15個以上**：腸道年齡＝實際年齡＋30歲，腸道健康狀況非常糟糕，請詢問專業人士、立即改善腸道健康。

目前最常用來改善腸道菌叢生態、增加益生菌數量的方法有兩種：

‧第一種是直接攝取益生菌，例如優酪乳、優格和益生菌保健食品

這些食品常伴隨高熱量、高糖分與食品添加劑的危險，並且益生菌很脆弱，無法通過酸性胃酸與鹼性膽汁的考驗，在尚未到達腸道前已經死亡；有些益生菌產品在菌種外會包覆一層蛋白質，讓益生菌可以通過胃酸及膽汁的考驗，到達腸道再釋放，但是這些外來的益生菌卻無法附著在腸道上，很快就會被排出體外，因此，想藉此改善腸道菌叢生態的功效也非常有限。

此外，腸道中的原生益菌種類多達數百種，每一種好菌對人體的益處也不盡相同，唯有好菌全都存在時，才能發揮最大益處，但市面上產品沒有一種能同時提供數百種益菌，只攝取少數幾樣好菌，能發揮的功效很有限。另外，腸道中也要有足夠的營養源，好菌才能生長，否則，只是攝取一堆死菌，並無法對人體健康發揮益處。

‧第二種是直接在腸道養好菌

當直接攝取好菌的缺點被提出後，眾多研究學者就開始研究，經多年實驗成果提出

「攝取益生質──益生菌生成物」這個觀念，**益生質可說是好菌的食物，不受胃酸、膽鹼以及高溫的破壞，能直接到達腸道發揮作用，促進腸道中原有好菌的自行繁殖能力**；由於原生益菌是長久居住於腸道中的好菌，因此，攝取益生菌生成物便能提升腸道好菌的數目與戰鬥力，對腸道保健的效果才是真正有效力的。

如何補充益生菌生成物

由於我們身處在一個外在環境複雜且受污染的世界，益生菌生成物含有豐富且對人體腸道菌叢有益的營養成分，長期飲用能幫助創造體內優勢環境、強化身體新陳代謝的能力、提升免疫機能、調節血脂、活絡循環，以達養生保健延年益壽之功效。

【適用對象】

益生菌生成物是天然的發酵食品，製程中不會添加任何化學物質、香料、色素或防腐劑等人工添加劑，百分之百天然、安全無副作用，使用後不會對肝、腎造成負擔，大人、小孩、孕婦、嬰幼兒皆適宜。尤其適合三餐不正常、經常外食、每天都吃肉類、不吃早餐、很少運動、年過35歲的青壯年、工作壓力大者等，每天都可以食用益生菌生成物來保養身體。而一些特殊族群，例如孕婦和哺乳婦女，服用益生菌生成物有助營養的吸收，幫助排便順暢，緩和孕婦常見的便祕或痔瘡的問題，也能促進消化，防止孕婦食慾不良的問題發生。

另外，哺乳婦食用益生菌生成物不僅能讓媽媽健康，更可活化母體的免疫系統，提高母體乳汁中免疫球蛋白的數量，間接提升嬰兒的免疫力，抵抗外界病原菌的侵襲。

【食用時間與方式】

益生菌生成物爲天然食品，理論上任何時間食用皆適宜，但**為了要達到最佳效果，建議在早餐空腹前食用效果最佳，或在一般正餐空腹前食用，方便腸道直接吸收、利用，使腸道能直接發揮消化吸收、調節免疫與排除毒素之保健功效**。

若腸道年齡比實際年齡老的人，每日可食用1～3次，每次3～5cc，益生菌生成物經過長時間的發酵，屬高營養成分的濃縮物，可以300cc～500cc溫開水稀釋飲用，營養成分能更完整被腸道吸收，並促進腸道好菌生長。

第三章

益生菌生成物對疾病的驚人效果

免疫系統

「免疫力」主要是抵抗外在病原的防衛能力。

根據教育部國語辭典的解釋，抵抗就是「抵禦」、「抗拒」的意思，相反詞有「投降」、「侵略」、「屈服」。也就是說，免疫力良好的人，其抵禦與抗拒的能力較高，也就不易受到外在病菌的侵襲，就能保持健康的狀態。

相對而言，若是免疫系統功能低下，就得投降與屈服病菌的入侵，這就是症狀與疾病的產生。

因爲免疫系統所引起的疾病包括：流行性感冒、過敏、蕁麻疹、紅斑性狼瘡等。因此，免疫系統的重要性不容小覷，所以只要保持良好的免疫能力，就能抵抗外在病菌，進而保持完整健全的身體，維持活力與朝氣。

免疫系統的兩道防線

・第一道防線：皮膚、黏膜、分泌物

免疫系統的第一道防線包含皮膚、鼻涕、淚液、呼吸道黏膜、消化道黏膜和生殖道黏膜。這些部分徹底覆蓋我們的體表面，主要目的是保護體內避免外在較大病菌與異物入侵。

我們每天接觸的空氣中，藏有許多灰塵、塵蟎和細菌等，就是靠皮膚、黏膜和分泌物把這些髒污阻擋隔絕，避免其侵入身體。但還是有些較小的細菌和物質抵擋不住，依然會進入身體裡，所以就需要第二道防線。

・第二道防線：淋巴系統與巨噬細胞

體內的淋巴系統包含淋巴器官（胸腺、淋巴結、脾臟、扁桃體、骨髓）、淋巴組織與淋巴細胞。當第一道防線無法抵擋的細菌與異物繼續進入身體時，第二道防線就會起身阻擋，將有害物質吞噬消滅。而愈深層的免疫細胞愈具有專一性，也具有記憶的功能。一旦入侵後，它會記住病毒的形狀，這樣下次當病毒再入侵時，就能加速辨別的效率並進行反應。

提升免疫力

當免疫系統攻擊病毒、細菌等外來物質並阻止它們入侵破壞時，會產生一連串的反應，包括：發炎與過敏等症狀的出現。此時若免疫系統功能異常，就可能會導致疾病發生。例如：類風濕性關節炎、紅斑性狼瘡、以及第一型糖尿病等。

而腸道黏膜中最主要的抗體——免疫球蛋白A（IgA），負責攻擊外來的病菌，避免腸道受到威脅。且經科學家們的研究提出實驗證明，**「益生菌生成物」可以提升免疫球蛋白A在腸道中的數量，換句話說，腸道的防禦能力也能因此大大的提升！**

另有研究顯示，**「益生菌生成物」可以增加其他免疫球蛋白及淋巴細胞的數量（例如：自然殺手細胞、T淋巴細胞、B淋巴細胞等），更大大地增強了身體的免疫力！**

延緩免疫系統老化

免疫系統會隨著年齡的增長而老化，例如：人體胸腺在出生的時候就已經發展得很完整，但隨著年齡增長就日漸衰退，到老年時就幾乎沒有了。

亦有研究指出，長期的壓力可能會抑制免疫系統功能，加速老化的進行。若免疫系統只記得年輕的你，當它逐漸老化，失去辨別敵我的能力時，就會開始攻打自己的細胞，導致疾病的產生。

自我檢視時間

你是否常暴露於以下的情形中？

- **環境汙染：**空氣汙染、水源汙染、廚房油煙等
- **飲食習慣：**嗜食高油炸物、高脂肪、多肉少蔬果、愛吃刺激性食品等
- **作息不正常：**常熬夜
- **生活習慣：**抽菸、酗酒
- **精神壓力過大**

以上的種種因子，都是老化的危險因子。現代人的生活較多元化，在以上因素的綜合交錯影響之下，導致許多人外表雖然還很年輕，卻有「腸道老化」的徵狀。腸道老化不只影響營養素的吸收與代謝，更會導致免疫力低下，造成疾病的產生。

生命的根源——核酸

核酸是細胞生產、分裂與代謝的來源，我們能夠每天充滿朝氣與活力，都是因爲細胞代謝產生能量，讓各器官能正常運作所致。

我們的身體是由各種細胞組成，先成爲組織再構成器官。而核酸堪稱爲生命的根源，負責不斷製造新的細胞，讓生命維持恆定。要生成健全的細胞，就必須要有良好的核酸。

美國的醫學博士班傑明S．富蘭克（Dr. Benjamin S. Frank）認爲食物是導致老化的主要原因，因爲在腸道內進行代謝時，需要耗費很多核酸。若能不斷的補充好的核酸，那就能延緩老化，重返年輕。他用了17年的臨床經驗告訴我們，每日攝取高核酸的食物，可以預防老化與疾病的產生。

根據他的研究指出，高核酸物質不但能減輕關節炎疼痛、保持皮膚滋潤與彈性、減少皺紋產生、改善高血壓、糖尿病、癌症、掉髮、肩頸痠痛等症狀！**「益生菌生成物」是經由多種益生菌及營養豐富的基質共生發酵而成，經研究分析出含有豐富核酸的產物，並經實驗證實，長期攝取沒有副作用產生，是提高免疫力的最佳選擇！**

腸道疾病

健康腸道的條件

腸道＋免疫球蛋白＋腸內細菌＝完整的免疫系統

人體的腸道分爲小腸與大腸，小腸的長度約爲6～8公尺，大腸約爲1.5公尺長。一般人所認知的腸道，是儲存和排除糞便的地方，但這都只是大腸的功能。

食物進入身體後，經由口與胃的消化後，主要在小腸的部位吸收。小腸內部覆蓋滿絨毛組織，使小腸表面積增加，幫助吸收。若把小腸的表面積全部攤開來看，有一個網球場大呢！

美國哥倫比亞大學的麥克傑森（Michael Gershon）教授提出『腸道是人體的第二個大腦』的觀念，因爲小腸絨毛中含有微血管、淋巴管以及神經纖維，其神經細胞數量僅次於

小腸內表面的放大圖

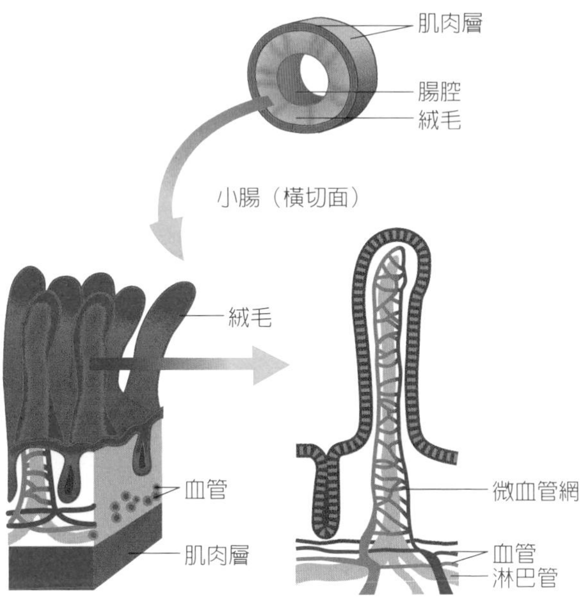

大腦，掌管各種荷爾蒙及神經傳導物質的調控。腦內的神經傳導物質血清素（serotonin）存在於腸道中，並且參與刺激飽食中樞、抑制食慾等消化活動。

腸道不需經過大腦就能指揮其他器官進行動作，若是腸道功能受到破壞或影響，就會擾亂其他器官的正常運作，所以維持腸道的健康是最主要並且最直接的保健方法，也是保持良好免疫力的第一步！

腸道內也存在著許多細

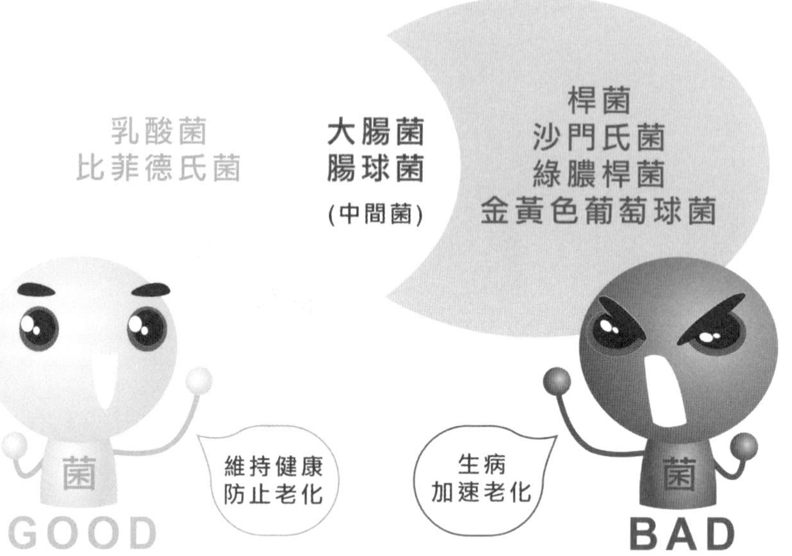

菌，可以協助提高免疫力並且製造酵素等等，和腸道功能相輔相成，扮演重要的角色。

腸道菌叢可以分爲好菌、壞菌、與中間菌。好菌可以防止外來細菌的繁殖、合成維生素、幫助消化吸收、對付毒素，並有整腸作用，能達到維持及促進健康的效果。

壞菌在腸道中與食物殘渣發酵而腐敗，其副產物（硫化氫與亞硝胺等）可能導致腸道老化與疾病，也大大地增加罹患各種癌症的機率！

好菌是對身體有益的菌種，包含

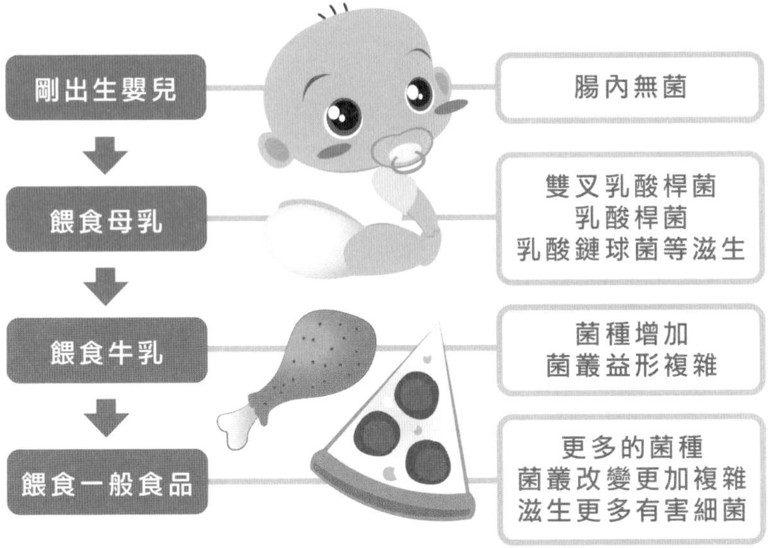

乳酸菌和比菲德氏菌。而益生菌的種類很多，其中乳酸菌是腸道內最主要的益菌。剛出生的嬰兒的腸道是屬於無菌的狀態，餵食母乳可以幫助益生菌在腸道生長，但隨著攝食各種不同的食品，會產生更多複雜的菌種，滋生更多有害細菌。

然而，我們的身體需要藉由吃各種食物來獲得各種不同的營養素，所以無法預防複雜菌種的滋生，這時候「益生菌生成物」的角色就更爲重要。爲保護腸道的完整，需要藉由腸道黏膜、免疫球蛋白A（IgA）、以及益生菌的三重保護與共同合作，抵禦外來細菌的入侵。

腸道黏膜在腸道表面形成一個完整的保護膜，免疫球蛋白A會和病菌結合消滅它，益生菌會抑制有害菌的生長。若有任何一部分出現漏洞，有害菌就容易趁虛而入，對腸道造成傷害。

「益生菌生成物」是經實驗證實，不但能提供益生菌所需要的養份，增加免疫球蛋白A的數目，並且可以保持腸道黏膜的完整，徹底保護完整健全的腸道免疫功能，避免病菌入侵。

改善潰瘍性大腸炎與消化性潰瘍

益生菌生成物的製作過程是在模擬腸道環境的情形下，讓益生菌與大豆、芝麻等營養成分先於體外進行共生發酵，所以在進入體內後不需要再經過分解代謝的過程，就可以直接被人體吸收，避免了代謝過程中產生的腹脹等不適感。

尤其「益生菌生成物」中含有豐富的短鏈脂肪酸，做為腸道細胞更新所需的能量，是幫助腸道黏膜修補的主要因子。短鏈脂肪酸包含乙酸、丙酸和丁酸，經實驗證實，丁酸可以修補直腸與結腸黏膜的損傷，不僅可以有效改善潰瘍性大腸炎，亦可減低大腸癌的發生率。

而消化性潰瘍分爲胃潰瘍和十二指腸潰瘍，在一九八二年經由澳洲醫師巴里・馬歇爾（Barry J. Marshall）和病理學家羅賓・沃倫（Robin Warren）共同提出胃潰瘍與胃癌是由幽門螺旋桿菌（*Helicobacter pylori*）引起的假說，經過許多研究證實，他們於二〇〇五年獲得諾貝爾生理學或醫學獎。近年來**許多研究證明，「益生菌生成物」可以減少體內幽門螺旋桿菌數量，進而改善消化性潰瘍**。

惡性腫瘤

「均衡飲食與適當運動」是眾所皆知維持身體健全的兩項重要因素。除此之外，提升與保障免疫系統的完整性，更是不容小覷。「益生菌生成物」已經證實可以有效提高免疫力，這對於癌症患者特別重要。

細胞在受到氧化傷害的影響，造成基因突變，轉變成癌細胞。抽菸及二手菸、酗酒、空氣污染、油煙、攝取油炸物和過大的精神壓力等，都是造成細胞氧化傷害的重大原因。

一般正常的細胞在受到損傷時會進行自然凋亡，但是突變後的癌細胞不受此控制，反而會繼續增殖。

研究顯示，服用「益生菌生成物」可以有效使癌細胞進入休眠，不再繼續繁衍與轉移，具有抑制癌細胞增生的作用。

許多專家學者都對於這樣的結果感到訝異，究竟在攝取「益生菌生成物」後，會產生甚麼樣的作用機轉？其實這與「益生菌生成物」可以有效活化派亞氏腺（Peyer's Patch）有很大的關係。

派亞氏腺位於迴腸內，主要控制各種免疫細胞的增生與否。

全美首席腸胃外科權威新谷弘實醫師經過多年研究發現，「益生菌生成物」會經由派亞氏腺的細胞吸收再經轉化運送，達到免疫系統且刺激免疫系統的活化。

而經實驗發現，派亞氏腺的胚細胞確實會隨著年齡而老化，但服用「益生菌生成物」後，卻大大的刺激胚細胞的活化，進而使免疫力提升！**給罹患大腸癌的患者服用「益生菌生成物」後，發現癌細胞顯著的受到抑制，不再增生，這點證明了「益生菌生成物」具有黏膜細胞修復能力，對於進行癌症化療患者無疑是一大福音！**

另外化療常產生的副作用為噁心、嘔吐、食慾不振、黏膜潰瘍、疲倦無力和免疫功能低下等症狀，也因為服用「益生菌生成物」後，這些副作用相對獲得明顯的改善，因此證明了服用「益生菌生成物」可以減低化療後的不適感。

「治標不如治本」

罹患癌症的病人，通常都將心力集中於如何「治療」，如何殺死癌細胞。但癌細胞的治療防不勝防，請大家一定要記住「治標不如治本」的觀念，徹底從最基本的提升免疫力做起。免疫增強了，才有辦法與頑強的癌症細胞對抗。

大家要知道，癌症療法除了手術之外，還有化療與放射線治療兩種，化學療法是利用藥物（口服或注射）來達到殺死癌細胞的效果，放射線療法則是利用放射線殺死癌細胞，但放射線並不具有辨別癌細胞的能力，所以在治療的過程中不單單只是殺死癌細胞，也會連同一般正常的細胞一起殺死。這兩種療法都有很大的副作用，並且都會影響到正常的細胞，使免疫力急遽下降。

免疫力一旦降低，外來病菌更容易入侵，再加上化療會引起食慾不振、降低營養吸收，造成惡性循環！

因此，癌症的治療，應該先從「提升免疫力」做起！**許多例證說明了服用「益生菌生成物」可以有效修護腸道黏膜、提升體內免疫球蛋白A的數量、並且增加腸道內益生菌數量**。

保持腸道黏膜的完整非常重要，因爲這直接影響了營養的吸收。同時免疫力提升了，癌症患者也就更有體力去對抗癌細胞的侵襲了！

過敏性疾病與皮膚不適

過敏的發生，是在過敏原進入人體後，身體內的免疫球蛋白E（IgE）增加，下次過敏原再進入時，對於外來的物質做出的反應。

過敏原有很多，包括：塵蟎、蟑螂及其排泄物；黴菌、動物毛髮、化妝品、藥物以及食物都可以造成過敏。而根據器官的不同，產生的過敏症狀也不同。鼻腔方面的症狀多為流鼻水、打噴嚏、鼻黏膜腫脹和鼻塞等。若在呼吸道產生過敏反應，可能導致支氣管過度收縮，產生氣喘。皮膚的過敏可能引起皮膚炎，產生紅腫、起疹、乾燥等症狀。

免疫系統分為先天免疫與後天免疫，上述的免疫球蛋白E就是屬於後天免疫中的專一性反應。

免疫系統的組成

先天免疫	後天免疫
非專一性反應	致病原與抗原的專一性反應
病原曝露後立即有強烈反應	病原曝露後須過一段時間才有強烈反應
無免疫記憶	具免疫記憶

許多實驗一一驗證，**「益生菌生成物」不但可以增加免疫球蛋白A（IgA）的含量；低分子量和高含量的大豆胜肽可以有效刺激免疫調節；其代謝產物對一些病原菌有抑制作用。許多人在服用了「益生菌生成物」之後，過敏症狀包括蕁麻疹、氣喘、異位性皮膚炎和過敏性鼻炎等等症狀均獲得顯著的改善。**

這道理其實很簡單：「益生菌生成物」幫助提升免疫力，調節免疫系統。免疫力提升了，當然這些過敏症狀就獲得緩解。

「益生菌生成物」經由實驗證明亦可以改善皮膚不適，包括異位性皮膚炎與蕁麻疹等等的搔癢不適等症狀。這都是由於攝取「益生菌生成物」可以大大提升免疫能力所致。

三高問題：高血壓、高血脂、高血糖

防止心血管疾病與高血糖產生

心臟是輸送血液的幫浦，在一縮一張之間，將血液運送與運回，維持細胞的正常運作。

動脈內充滿含氧血，負責將含有氧氣及養分的血液帶離心臟運送到全身，提供身體的各個細胞代謝所需。

靜脈則為缺氧血，負責將二氧化碳及代謝廢物由細胞運到肺臟和腎臟等器官排出。

血液中的脂蛋白是一種蛋白質，讓不溶於水的脂肪在血液運送；其中負責運送膽固醇的脂蛋白有兩種：高密度脂蛋白（ＨＤＬ）與低密度脂蛋白（ＬＤＬ）。

高密度脂蛋白負責將血液中的膽固醇運送至肝臟代謝，所以通常被稱為「好的膽固醇」；低密度脂蛋白則負責將器官中的膽固醇帶回血液中運送，通常被稱爲「壞的膽固醇」。但這兩種脂蛋白其實都不是膽固醇，只是負責運送膽固醇的脂蛋白而已。而三酸甘油酯（TG）是運送脂肪酸到細胞的主要成分。

現代人的飲食較爲豐盛，也容易過量攝取膽固醇與脂肪，導致膽固醇或三酸甘油酯過高的情形，總膽固醇（TC）濃度高於200mg/dL、三酸甘油酯（TG）高於200mg/dL、低密度脂蛋白（LDL）濃度高於130mg/dL、高密度脂蛋白（HDL）濃度低於40mg/dL，這些指數的不正常，都可能是造成心血管疾病的危險因子。

生理指標	理想値	邊際高危險濃度	高危險濃度	指標
總膽固醇（TC）	＞200mg/dl	200～239mg/dl	≧240mg/dl	高膽固醇血症
低密度脂蛋白（LDL）	＞130mg/dl	130～159mg/dl	≧160mg/dl	
高密度脂蛋白（HDL）	＜40mg/dl		＞35mg/dl	
三酸甘油酯（TG）	＞200mg/dl	200～400mg/dl	＜400mg/dl	高三酸甘油酯血症

當低密度脂蛋白（LDL）過多，因而形成有危害的氧化型低密度脂蛋白（oxLDL），侵害血管壁。這時候體內的免疫細胞（單核球）就會起來攻擊它，將它包覆，形成泡沫細胞。這些泡沫細胞導致血管壁增厚，因爲通道變小，導致血流量變少，使得心臟需要更用力收縮讓血流通過。若此情形不斷惡化，最後可能完全堵塞血管壁，導致急性心肌梗塞與血管壞死！

經多項實驗證明，「益生菌生成物」可以有效阻礙腸道內膽固醇再吸收，並能促使其排出體外，但不影響膽固醇正常者的數值。「益生菌生成物」可以降低膽固醇、三酸甘油酯及減緩低密度脂蛋白（LDL）的氧化，但不影響高密度脂蛋白（HDL），所以可以有效的降低心血管疾病的產生。同時實驗顯示，服用「益生菌生成物」後也能有效的控制血糖值的上升，避免高血糖的產生。

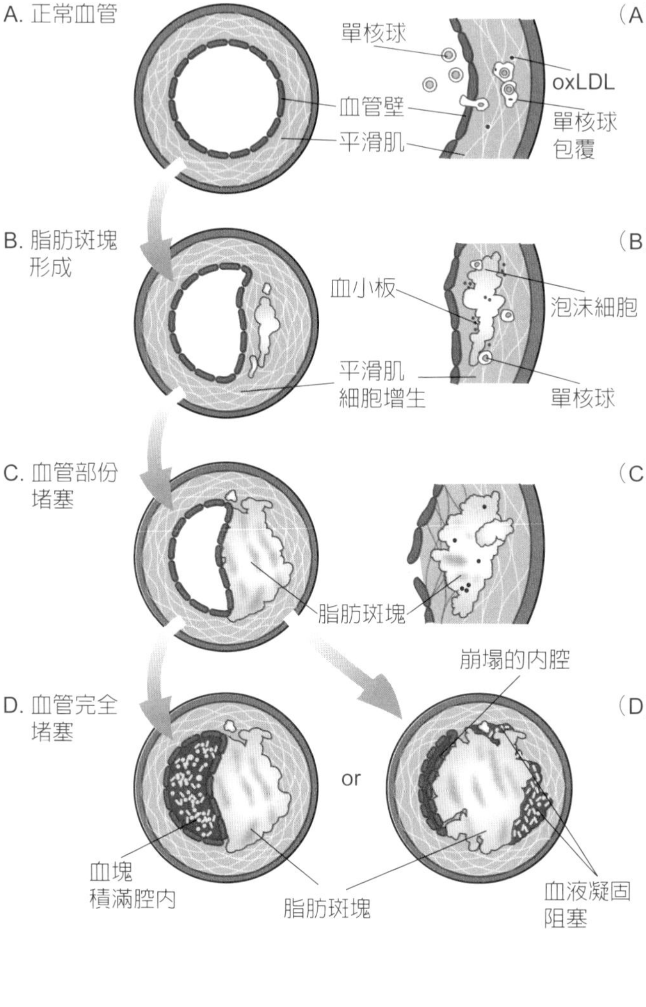

（A） 當血管壁破損，低密度脂蛋白進入血管壁內，轉變成有毒性的氧化型低密度脂蛋白，單核球（免疫細胞）進入吞噬。

（B） 單核球包覆低密度脂蛋白形成泡沫細胞，血小板刺激平滑肌增生，逐漸形成脂肪斑塊。

（C） 血塊持續增生，血管逐漸變窄。

（D） 最後血塊凝結阻擋血流，導至心肌梗塞、中風、血管壞死。

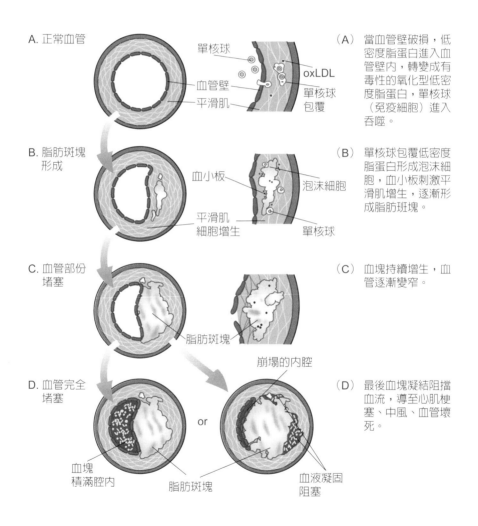

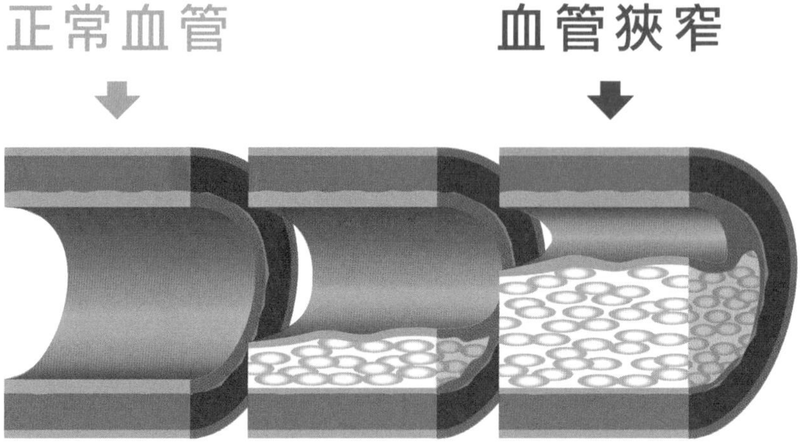

預防高血壓

血壓分為收縮壓和舒張壓兩種。當心臟收縮時，血液由心臟送出時對血管壁所施加的壓力就造成收縮壓。相反地，當血液流回心臟對血管壁產生的壓力就稱為舒張壓。當血管壁增厚，血流量變小，血流為了通過血管對血管壁施加的壓力更高，就形成高血壓。

血管收縮時，會由血管收縮素Ⅰ（Angiotensin Ⅰ）轉換成血管收縮素Ⅱ（Angiotensin Ⅱ），造成血管收縮，使血壓上升。在轉換過程中，需要靠血管收縮素轉換酶（ACE）幫忙轉換。**經多項研究證實，「益生菌生成物」裡含有**

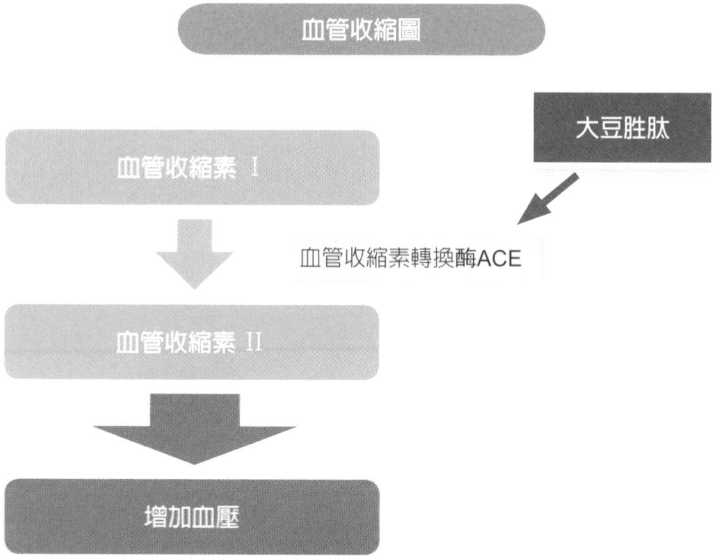

豐富的大豆胜肽，可以有效抑制血管收縮素轉換酶（ACE），若長期服用，可以阻止血壓上升，減少高血壓的風險。

肝臟疾病

減少脂肪肝形成

肝臟是人體最大的解毒器官，當食物進入人體進行分解，都會到肝臟進行如同「過濾」的解毒作用，將食物中的毒素排除或減少，才會被人體吸收。若腸道內的毒素過多，肝臟來不及進行解毒，毒素則會堆積在腸道中，而引起疾病。

肝臟中的解毒酵素主要有麩胱甘肽過氧化酶（GSH-Px）與麩胱甘肽硫轉化酶（GPT），還有許多抗氧化酵素，例如超氧化物歧化酶（SOD）與過氧化氫酶（Catalase）等。這些酵素會將自由基轉換，減輕對人體的傷害。

若自由基非常不穩定，可以嚴重損害細胞組織，造成慢性病與加速老化。現代人工作壓力大又應酬多，在高脂肪、高酒精和高醣類的飲食條件下，容易產生過多自由基，導致代謝性疾病的產生。

要穩定自由基需要消耗大量的抗氧化酵素，在抗氧化酵素不足的情形下導致肝臟負荷過大，若大量飲酒也會對肝臟會造成最直接且嚴重的肝損傷，引起脂肪肝。脂肪肝若繼續惡化，則可能會轉變爲肝纖維化、肝硬化及肝癌。

正常的肝細胞內有約百分之二～百分之五的脂肪，若超過百分之五則定義爲脂肪肝。脂肪肝可以透過超音波檢查，準確率極高。脂肪肝的形成是由於三酸甘油酯（TG）代謝異常所致，可能由於肥胖、高脂肪或高醣飲食、過量飲酒、藥物、減肥不當或其他代謝性疾病（如：糖尿病）引起。

糖尿病造成的胰島素抗性，會引起三酸甘油酯合成增加在肝臟堆積，另外生活習慣的影響（如：久坐與嗜甜食）也會引起肝臟代謝不良，加重肝臟負荷而引發脂肪肝。有些降血脂的藥物抑制肝臟合成膽固醇，反而會造成血中游離脂肪酸過多，導致血中三酸甘油酯過高，反而更易引發脂肪肝的產生，所以務必加以注意！

長期厭食或營養不良的人，身體沒有營養攝入，只好燃燒全身脂肪，導致肝臟中的游離脂肪酸過多，準備代謝。但是蛋白質是肝臟代謝的重要來源，通常厭食者的蛋白質攝取不足，導致肝臟代謝異常，造成肝臟中脂質堆積，造成脂肪肝。

有許多研究顯示，在服用「益生菌生成物」後，可以顯著增加超氧化物歧化酶（SOD）、過氧化氫酶（Catalase）與麩胱甘肽過氧化酶（GSH-Px）的活性。抗氧化酵素的活性增加了，使得自由基可以被轉換成穩定的狀態，減少肝細胞受到自由基攻擊，減少脂肪肝的生成。這些情形顯著的反應在肝功能指標方面：麩草酸轉氨基脢（GOT或AST）、血清丙酮轉氨基脢（GPT或ALT）以及血中三酸甘油酯（TG）的數值均明顯下降，證明了**「益生菌生成物」不但可以增強肝臟的排毒功能，加強排除自由基，減輕細胞損傷，進而減輕肝臟負荷，提升肝臟功能，並降低脂肪肝等肝臟疾病的產生。**

第四章

益生菌生成物對各年齡層的實際益處

幼童、學齡期

不管是兩、三歲大的幼兒，或是學齡期兒童，這階段正值活力充沛、好動的年齡，對於外在世界充滿好奇心、無所畏懼的探索力，每一個新體驗，對這階段的兒童來說，都是一個新的學習。在這個成長發育的重要關鍵期，需要提供均衡營養的飲食及建立健康良好的腸胃吸收功能，才能讓幼童有足夠的體力及學習動力。

提升腸胃功能

腸胃功能是負責將大塊的食物，經由消化酵素分解成小分子、易溶於水分的型態，最後由腸道黏膜細胞將小分子營養物吸收進入體內，提供身體各個細胞的器官組織運用。

一旦腸道黏膜損害，食物的消化、吸收功能開始受到影響，即使正常攝取食物，也會導致食物無法被完全分解，未消化的食物會到達大腸，細菌在大腸內分解殘餘食物並產生氣體，因而導致脹氣和腹痛，進而影響孩童的食慾，導致食物吃不下，更無法獲取足夠的營養，提供身體發育所需，如此惡性循環的結果，就會影響孩童的成長發育，甚至智力發展遲緩。因此，健康的腸道黏膜系統，是幫助孩童健康成長的最基本要素。

研究發現，「益生菌生成物」含有豐富的短鏈脂肪酸，可提供腸道細胞更新時所需的能量，幫助腸道黏膜細胞的修補，強化腸道黏膜的完整性，因此可以有效的提升孩童腸胃功能，幫助營養吸收。

增強抵抗力

這個階段的孩童為了滿足其強大的好奇心，常常手、眼、口並用的去接觸所有的新鮮事物，在不注意的情況下，就會導致許多腸胃型疾病的發生。再者，此階段的孩童多半因為雙親上班，無法照顧而送至托兒所或幼稚園，提高群聚感染的風險，故常發生感染型如腸病毒、輪狀病毒引起的腸胃疾病、感冒等上呼吸道感染病，輕者嘔吐、腹瀉、流鼻水、發燒，重者則可能引起脫水、心肌炎、腦膜炎等疾病，危及孩童的性命。因此，增加孩童抵抗力，是每個作父母的當務之急。

像剛出生的嬰兒，免疫系統發育還不完整，所以抵抗病原菌的能力很弱，而上天賜與嬰兒最珍貴的食物來源——母乳，便含有許多可增強嬰兒抵抗力的物質，免疫球蛋白A就是最主要的防禦成分之一。經大量研究證實，餵養嬰幼兒母乳後，其發生胃腸炎、腹瀉、中耳炎、新生兒敗血症、過敏等的發病率明顯下降，歸功於母乳初乳中含有大量免疫球蛋白A的作用。

免疫球蛋白A是呼吸道、消化道、泌尿生殖道等抵禦病原體及有害物質入侵的第一道免疫屏障，是人體粘膜免疫的最重要抗體。**實驗證明，攝取「益生菌生成物」可以提升腸道中免疫球蛋白A的量，進而協助孩童提升自我防禦力！**

改善過敏

一個有過敏體質的小孩，常會有打噴嚏、流鼻水或咳嗽等症狀，家長會以爲小孩子常感冒，吃藥都吃不好；另有些小孩很會流汗（容易感冒）；皮膚搔癢，常抓來抓去；手肘彎、膝彎的部位有濕疹樣紅疹（異位性皮膚炎）；常喜歡揉眼睛，導致下眼皮皮膚色素沈積而形成黑眼圈（過敏性結膜炎）；也因爲經常服藥，所以常會喊肚子痛（脹氣）；或者較嚴重時呼吸會有急促的現象（過敏性氣喘），這些都是有過敏體質小孩的典型症狀。

這些過敏症狀，除了造成孩童身體的不適之外，更會影響孩童的專注力及學習力，導致孩童的學習成績不佳！

經調查發現，「益生菌生成物」可刺激腸道正常免疫功能，也就是提升腸道中免疫球蛋白A的含量，可有效阻擋過敏原進入體內。

活力旺盛的青少年

青春期是兒童變爲成人的必經階段。通常是指年齡從十至十二歲開始，一直到十六、十七歲，青春期最大的特徵，是生殖器官迅速的發育以及第二性徵的出現。人類有兩階段的生長加速期，第一階段是新生兒出生到六個月，第二階段便是青春期。一般人多認爲青少年們是健康的族群，但是事實上他們存在著的「身」、「心」問題比想像中更多，尤其是像長不大、太矮、太胖和臉上長皮膚病等生理問題困擾最多，如果不妥善處理，不僅影響外表的發展，也會影響日後的學習及社交發展。

改善皮膚問題

青少年常見的皮膚病，分非濕疹性皮膚病和濕疹性皮膚病。

非濕疹性皮膚病以痤瘡（青春痘）、癬（香港腳）、扁平疣、白色糠疹居多；而濕疹性皮膚病，則以異位性皮膚炎和蕁痲疹爲首的過敏性疾病。非濕疹性皮膚病造成的原因有些是因免疫力失調所引起的細菌、病毒的感染（癬、扁平疣、白色糠疹）、長痘痘則是因爲青春期引起的荷爾蒙變化、或是因爲便祕等問題導致腸道累積過多的毒素，便祕產生的毒素，若無法完全由肝臟化解，就會散布至全身，導致皮膚容易長痘痘或精神疲倦，而且施以藥物只能症狀治療，無法徹底改善。

食用「益生菌生成物」後，可促進腸道原生益菌的大量增殖，改善腸道抵抗力，降低皮膚受到細菌及病毒的感染。腸道健康可有效改善便祕問題，減少體內毒素的累積，避免毒素過度散布到皮膚，引起痘痘的生成；當然，腸道健全更可有效阻擋過敏原進入體內，避免過敏的發生。**「益生菌生成物」亦具有調整女性月經週期正常的功效，進而改善因荷爾蒙問題所引起的肌膚問題。**

上班族

現代社會人爲了生活、家庭、地位、金錢等有形無形的物質需求，長時間面臨極大的生活壓力，而養成許多不良的生活飲食習慣，經常因疏解壓力而抽煙、因交際應酬而喝酒、因工作忙碌而熬夜，長時間壓力的累積，如果沒有適時的排除，這些無形的壓力，則會轉變爲有形的毒素積累於體內，最後釀成很多疾病。

排毒——外在污染物

現代人對於「排毒」議題並不陌生，因爲在我們生活的周遭，就充斥著各式各樣的污染物：如空氣、水等環境污染、藥物濫用、化學加工食品、黑心食品、農藥及重金屬污染等毒素，都會累積在人體內，使現代人不斷追求有機及純天然食物來源，期盼自己能夠遠離病魔的威脅。但人體到底要如何做才能排毒？或許多數人仍一知半解。

例如有毒重金屬危害人體健康已經是普遍性的問題。現代人許多不明原因的腸胃症狀、過敏病、內分泌失調、疲倦、注意力減退、憂鬱／情緒不穩、智能退化／痴呆、肌肉關節疼痛、高血壓／高血脂／心血管疾病等被診斷爲「體質」或「壓力」或「退化」所引發的成人慢性病、甚至癌症，都可能與體內的有毒重金屬如汞、鉛、砷、鎘有關。因此，「減輕重金屬毒性反應」、「預防腸胃吸收重金屬」以及最終極的「排除體內重金屬」，都顯得越來越重要。

當然除了急性重金屬中毒所給予的藥物治療之外，我們在日常生活中，也可以補充一些特殊的輔助營養，幫助體內排毒流程順利進行，其中很重要的一項便是增加腸道內的益生菌。

當腸道內的益生菌含量增加，可以減少食物中有毒重金屬被腸道吸收的量，同時也可以降低經由膽汁排洩出的有毒重金屬被腸道組織再吸收的比例。**而「益生菌生成物」具有活化腸道原生益菌的功效，使腸道益生菌大量增殖**。

經研究發現，當腸道有大量益生菌存在時，可以將攝入腸道中的有機汞和無機汞（Hg^{2+}），在菌體內將其轉變爲汞金屬（Hg），最後汞金屬會脫離菌體而排出腸道外，這樣能大幅度減緩體內汞蓄積的速度，以及降低游離汞對腸道免疫組織毒性的傷害。

除了預防汞的吸收之外，更有研究發現益生菌對於鉛、鎘等有毒重金屬，甚至於氰毒（cyanotoxin）、黴菌毒素（mycotoxin）等毒性物質，也都具有降低毒性傷害的功效！

提升肝臟功能

除了生活中有毒物質對人體會造成傷害之外，不健康的腸道所產生出的內生性毒素才是健康無形的殺手，但是這點卻容易被忽略。內生性毒素包括新陳代謝產生的廢物及腸內壞菌分解食物殘渣發酵而產生的毒素，如酚酸、硫化氫、吲哚、亞硝胺、二級膽酸等，當腸道功能失衡，就容易使內生性毒素累積而引發各種疾病。**「益生菌生成物」的攝取，可使腸道中的原生益菌含量增加，原生益菌所產生的分泌物，可使腸道pH值降低，造就腸道壞菌不易生長的環境**；原生益菌的分泌物也具有直接消滅壞菌的功效，當壞菌的生長受限，因壞菌而產生的內生性毒素自然也跟著減少。

當腸道中的毒素降低，進入到人體內的毒素也會跟著下降，那麼肝臟進行解毒的負擔也會跟著下降，自然就可減少肝臟的負擔；另外，**食用「益生菌生成物」後也能提升肝臟解毒酵素的活性，恢復肝功能，減少疲勞感，更可預防肝硬化、甚至是肝癌的發生。**

現代女性

從前，女人被視爲「無才便是德」，一天到晚忙於家務。而現代女性工作獨立、經濟獨立、思想獨立，但是面對愛情、家庭與人生，卻仍舊做不了自己的主人。今日女性對社會的貢獻，成績彪炳，不讓鬚眉，但對已婚女性來說，職業與家庭往往魚與熊掌不能兼得，尤其是小孩子出世後，女性不但要適應母親的身份、生理的改變，更要承受來自丈夫、社會，甚至子女帶來的心理壓力。

忙碌的生活讓現代女性無暇照顧自己，因而產生許多不適症狀。

解決便祕問題

一項調查發現，百分之七十五的二十多歲女性上班族的腸道狀況，比實際年齡要老十至二十歲，甚至有百分之十三的二十多歲女性，腸道狀況已比實際年齡老三十歲以上，經分析發現，腸道老化與女性上班族外食比例高、壓力大以及排便習慣不良有關。

許多女性由於飲食、起居不正常、經常不吃早餐或整天坐辦公桌缺乏運動，最容易導致便祕。

便祕除了排便痛苦之外，還會造成肌膚粗糙、青春痘、痔瘡以及大腸癌等疾病。如果便祕患者合併患有心血管疾病時，用力排便會增加腹壓，使血壓突然增高，有誘發中風危險。此外，慢性便祕還可能是腸躁症、結腸癌和糖尿病等疾病的訊號。**在食用「益生菌生成物」之後，可刺激大腸分泌血清素，進而刺激大腸收縮與蠕動的動作，達到有效改善便祕問題。**

改善肌膚老化問題

超時工作、壓力、緊張、焦慮，再加上長期久坐、外食機率大增以及缺乏運動，明明年紀並沒有很大，而且也很捨得花錢勤擦保養品，但仍是經常面有菜色、顯得無精打采，甚至被人冠上「黃臉婆」的封號。這不僅是時下都會女性上班族的心聲，更是她們目前最關心的健康美麗新警訊。

當腸道老化後，過多的毒素會於腸道累積，當毒素無法被適時清除，進一步地就會累積到皮膚上，使皮膚失去彈性和光澤，皺紋和黑斑也會越來越明顯。而**「益生菌生成物」具有強化腸道健康功效，使腸道回復年輕，進而減少皮膚受到毒素的侵害，肌膚自然能恢復年輕與彈性**。

中壯年人

人的身體變化是有規律的，35歲之前是基本健康期，35～45歲是疾病的形成期，45～50歲是疾病的暴發期，60歲以後如果身體上的各個臟器沒有明顯的疾病，就進入一個相對穩定期。70歲以後身體各機能全線下降，又進入了一個老年疾病的高發期。

在生理上，中年代表著體力開始衰退，女性的卵巢機能開始退化，最終將導致更年期的產生，許多的男性也有因身體的機能反應大不如前，而有逐步邁入老年的感嘆。

改善癌症患者的生活品質

人們總是對老人、兒童、孕婦等的健康狀況特別關心，但對於中年人總認為是一個健康的群體，不需特意去照顧，但實際上，中年人的生活及健康問題更多。

首先是工作壓力大，就業環境競爭激烈，精神總是處於緊張狀態；其次是生活壓力大，近十年的社會人口年齡結構發生很大變化，老年人多，青年人少，一對夫婦要照料四位老人，還要費盡心思的照顧、教養自己的寶貝兒女。再者，許多中年人的生活條件變好了，五子登科之後，吃得好、但運動量相對減少，使身體日益肥胖；尤其在飲食內容方面容易偏重高脂肪、高蛋白食物，相較之下維生素、膳食纖維的蔬果攝取量偏少，更容易產生如糖尿病、心腦血管等慢性疾病。

在生活壓力和工作壓力之下，身心疲憊的中年人往往採取不健康的減壓方式，如抽煙、酗酒等，讓身體的健康隱憂更上一層。殊不知這看似微小的種種危害因子，已經讓身體逐漸步入癌症的爆發期。根據民國一百年衛生署公佈國人的十大死因，癌症已經連續29年成爲榜首，讓人聞癌色變！

雖然透過醫學科技的蓬勃發展，許多癌症都可透過治療來得到控制或清除，但不論是哪一種治療方式，多半都會讓癌症患者的身心產生許多不適感，如噁心、嘔吐、食慾不振、抵抗力變差、容易疲倦和貧血等問題。若透過「益生菌生成物」的補充，**可快速提供腸道黏膜細胞能量，使經治療而受損的腸道細胞恢復健康，有效抵抗病原菌的侵害，更可有效改善化療所引起的副作用。**

延緩更年期的發生

經歷學齡、青春期、工作等種種挑戰一路走到四、五十歲的女性，由於卵巢功能開始衰退，控制女性月經週期的荷爾蒙——雌激素和黃體素分泌逐漸減少，導致生理期間隔越來越長，最後完全停經，即進入所謂的更年期。

45～60歲的婦女都會經歷這一段惱人的更年期，大多數婦女在50歲左右開始停經，但30～40歲的女性若減肥過度、壓力過大、抽煙過多或長期睡眠不足，可能也會使更年期提早到來。更年期的不適症狀，個人性差異很大，一般常見的現象有突然發熱、冒汗、肩膀痠痛、頭暈、失眠、心悸、健忘、煩躁、憂鬱和注意力無法集中等。

雌激素和黃體素除了在性別和生殖上扮演著重要角色之外，還具有其他重要的功能。尤其在骨骼建構、調節膽固醇和保護心血管方面有密切關係，跟記憶力和學習能力也有關。

女性進入更年期後，雌激素將會大幅下降百分之八十，因此容易出現骨質疏鬆、骨折、膽固醇升高和心臟病等問題。黃體素則是天然的鎮靜劑，能幫助女性對抗壓力，也是形成骨骼和引起性慾的必要物質。**而「益生菌生成物」含有活性異黃酮，可提供天然雌激素的功能，有效延緩更年期的發生。**

老年人

台灣在近幾年來公共衛生及醫藥等各方面的進步，而使得死亡率逐年下降，平均壽命延長，另一方面，由於國人的生育技術及觀念不斷地改變，家庭計畫的成功與社會結構價值觀的變遷，使出生率逐年下降，更加速高齡化社會的來臨。根據調查發現，65歲以上老人有百分之五十六健康狀況欠佳，患有慢性疾病，平均每人患有一～二種慢性疾病，而又以患有高血壓者居多，其他則爲關節炎、心臟病、糖尿病等問題，因此，老年人的健康照顧，已成爲社會大眾所關注的重要課題。

改善心血管、糖尿病等慢性疾病

心血管疾病是影響台灣老年人壽命和健康的頭號殺手，主要引起的病因是動脈硬化所造成的問題。動脈硬化是全身性的疾病包括心絞痛/心肌梗塞、缺血性腦中風、頸動脈狹窄、腎動脈性高血壓、主動脈瘤、周邊動脈疾病等。最爲民眾熟知的心肌梗塞（冠狀動脈疾病）和腦中風（腦血管疾病），也已蟬聯國人十大死因第二、三名超過二十年以上。其危險因子有高血壓、糖尿病、高血脂症、抽菸、年齡（男性大於45歲、女性大於55歲或停經後）、肥胖、不運動以及有家族病史者等。

「益生菌生成物」的攝取，可有效降低血壓、膽固醇、三酸甘油酯及減緩低密度脂蛋白（LDL）的氧化，進而改善心血管疾病的產生。同時實驗顯示，服用益生菌生成物後也能有效的控制血糖值的上升，避免高血糖的產生。

緩解關節疼痛

老年人的關節常能預知「天氣變化」。當天氣由晴轉陰，氣壓驟然降低，關節便腫脹發炎，產生疼痛。以膝蓋、臀部（髖關節）等承受很大重量的關節處最常見。其症狀會明顯感覺到疼痛，甚至導致關節變形。老化或肥胖是發病的主要原因，關節曾經受傷、從事粗重工作者也容易罹患退化性關節炎。因**「益生菌生成物」可調節人體免疫力，具有改善發炎反應的症狀，因此可有效緩解退化性關節炎的疼痛與不適。**

孕婦

當女生在得知懷孕的那一刻起，心理及生理便會開始出現不一樣的變化，心理方面母愛的光輝逐漸綻放，生理上則因體內荷爾蒙的改變與胎兒的成長，造成準媽媽們在不同的懷孕期間容易有不適的症狀產生：如懷孕初期易有噁心感、孕吐的情況、懷孕中期後因胎兒的壓迫容易造成便祕、產生疲倦感、水腫等問題，甚至有些會導致妊娠型糖尿病及高血壓等的問題發生。就算生病了，也會怕藥物對於胎兒會造成傷害而不敢服用藥物，只能默默承受孕期的所有不適。但有些症狀會影響孕婦的食慾及營養吸收功能，若沒有適時改善，反而會造成胎兒無法透過母體獲取成長發育所需的營養。

研究發現，**在懷孕期間食用「益生菌生成物」，能有效改善多數孕婦所產生的不適感**，如便祕、噁心嘔吐、腸胃吸收障礙、貧血等問題及提升孕婦的精神狀態，而且沒有任何副作用產生。

第五章

知名營養師的推薦與分享

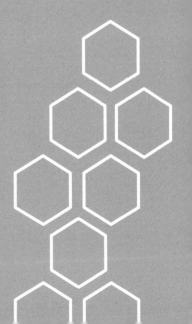

腸道好，不僅活到老，更加活得好！

營養師　安靖汝（Vivian An）
中華民國營養師證照／澳洲墨爾本皇家理工大學　食品科學研究所碩士

【案例分享】

李先生今年36歲，從小胃腸機能不好、容易有消化不良、脹氣與腹瀉的困擾，後來因工作關係，經常外食，腹圍越來越大，減肥多次也宣告失敗，前幾年經朋友推薦，食用益生菌的保健食品，一開始有稍微改善胃腸問題，但幾個月過後，似乎又回到原本的狀態，因此就停用益生菌保健食品。

經營養師的建議，改食用「益生菌生成物」，發現不僅解決腹脹問題、連腹圍都明顯變小，氣色也明亮許多，身體彷彿輕鬆多了，現在每天食用「益生菌生成物」已經成爲非做不可的事。

【營養師解說】

李先生今年36歲，出生時已是經濟富裕的時代，飲食習慣也趨向於精緻化，意即較少食用蔬果，而肉類或加工食品比例較多，腸道偏向老化狀態，加上從小就容易消化不良，表示天生胃腸功能弱，缺少能消化食物的酵素，腸道的好菌數量一定也比同年齡的少，即使實際年齡只有36歲，但腸道年齡可能與老人相仿。

在此情況下，如果飲食與生活作息不正常，外加生活壓力大，代謝變慢，男生就非常容易將脂肪囤積在腹部，造成內臟脂肪肥胖，如不改善，日後就是高血壓、高血膽固醇和高血糖的危險族群。

食用益生菌保健食品改善腸道健康，是一般民眾熟知的保健概念，認為直接食用好菌即能改善腸道健康，但經科學實驗證實有下列缺點：

一、**直接攝取好菌，通常無法通過酸性胃酸與鹼性膽汁的考驗**，在好菌還沒到達腸道之前已經死亡。

二、有些產品在菌種外會包覆一層蛋白質，讓益生菌可以通過胃酸及膽汁的考驗，到達腸道再釋放，但是這些**外來的益生菌卻無法附著在腸道上，而且很快就會被排出體外，只能稱為「通過菌」**，其在改善腸道菌叢生態的功效也非常有限。

三、腸道中的原生益菌種類多達數百種，每一種好菌對人體的益處也不盡相同，唯有好菌全都存在時，才能發揮最大益處，但**市面上沒有一種產品能同時提供數百種益菌**，只攝取少數幾樣好菌，能發揮的功效很有限。

四、腸道中也要有足夠的營養源，好菌才能生長，否則，**只是攝取一堆死菌，無法存活繁殖，對人體健康也沒有發揮益處**。

「益生菌生成物」是這幾年新興的保健營養素，目的在屏除上述受限，不受胃酸、膽鹼以及高溫的破壞，可直接到達腸道發揮作用，促進腸道中原有好菌自行繁殖；由於原生益菌是長久居住於腸道中的好菌；幫助原有好菌繁殖，不會改變原來菌叢生態，以本身體內自有好菌改善腸道健康，進而促進酵素分泌，對人體是最佳的保健方式。

「益生菌生成物」不僅可幫助腸道好菌生長，還有多種有益人體營養成分：活性異黃酮、果寡醣、多醣體、大豆皂苷、木酚素、核酸、必需胺基酸、天然維生素和礦物質等，能降低人體膽固醇與脂肪的囤積，是現代人改善身體健康最好的天然食品。

免疫提升、健康滿分！

營養師　李玲宜（Linzi Lee）
中華民國營養師證照／美國橋港大學　人類營養學研究所與科技管理學研究所雙碩士

隨著生活的富裕，飲食不再只是爲了填飽肚子，更進而提升到追求視覺與味覺的最高享受。但在長期的精緻飲食下，通常伴隨著高油脂與高糖分的攝取，各種代謝性疾病接踵而至，醫院裡的營養門診更是人滿爲患。

精緻飲食所帶來的現代文明病已經防不勝防，包括：肥胖、糖尿病、脂肪肝和高三酸甘油酯血症等等，這些疾病所衍生出來的問題已經不容小覷！那麼，除了從日常飲食下去調整改善，要怎麼防範不可抗拒的環境因素所造成的迫害呢？此時，「益生菌生成物」的誕生，徹底解決了現代人高油高醣飲食所帶來的身體負擔。

食療早已經是中華文化的一部分，老祖先的智慧教我們用天然的食材治療疾病；西方醫學之父希波克拉底（Hippocrates）的格言爲**「使食物成為你的藥，讓你的藥由食物中取得**

(Let your food be your medicine, and let your medicine be your food)」，又說「**真正可以治療疾病的是來自於我們的自然療癒力**（Natural forces within us are the true healers of disease.)」。「天然」、「有機」與「自然療法」已經成爲現在最風行的共同語言，無論東西方一致認爲，回歸攝取天然食物來改善身體的疾病，是最健康且完全無副作用的唯一方法。

「益生菌生成物」是由多種好菌菌叢以及各種天然營養成分所發酵出來的代謝產物，其功能不勝枚舉。藉由現今科技的優勢，先將益生菌及營養物質發酵代謝，成爲極小分子，可直接被人體吸收，減輕器官的負擔。

最重要的是，長期服用可以維護完整的腸道系統，提升人體的免疫力！**人體的每個器官都息息相關，一個器官的受損會直接或間接影響到另一個器官，進而導致全身免疫系統的失衡**。

免疫系統是人體最直接與外界接觸的系統，我們每天暴露在空氣汙染與各種化學添加物中，保持免疫系統的完整更是保持身體健康的首要條件！免疫力提升了，**利用身體的自**

然療癒能力抵抗病菌入侵、修復身體機能，是保持與恢復健康的不二法則！

由此可知，「益生菌生成物」的誕生，不僅能幫助健康的人做好日常保健，對於身體已經出現症狀疾病的人群更是一大福音！

益生菌生成物　食品科技大躍昇

營養師　劉宣宏（Jacky Liu）
中華民國營養師證照／實踐大學　食品營養系學士／臺北醫學大學　癌症學分班進修

最近朋友常問我，這幾年瘦肉精、塑化劑食品安全事件層出不窮，小朋友動不動就鼻子過敏、皮膚過敏，不是常便祕就是拉肚子，到底要怎樣保養自己的身體以減少健康上的隱憂？根據十多年保健食品業的實際經驗，我建議可試試「益生菌生成物」。

經過長年的研究，科學家發現「益生菌生成物」，不同於傳統的益生菌，或是提供益菌生長所需的食物，而是比較像是自然界的蜂王乳。蜂王乳，對於剛出生的幼蜂，具有提升生存能力、對抗惡劣環境的作用，對於女王蜂而言，則具有提升生育能力、延長壽命的功能。

因此，「益生菌生成物」像是益生菌吃了適當的營養成分後，所分泌出來的精華物質，具有幫助消化、減少過敏物質產生，亦可調整、淨化腸道環境，營造出有助於有益菌生長的優質環境。甚至存在於「益生菌生成物」中的多醣體物質，可刺激腸道的派亞氏腺體，激發免疫細胞的活化。

保健食品界常用的功能性成分，例如大豆皂苷、大豆胜肽、薏仁發酵物、芝麻木酚素等，都可在使用大豆、薏仁、芝麻為原料，所製成的「益生菌生成物」中找到。使用「益生菌生成物」，建議持續使用8～12週，效果會比較顯著，這也是科學研究中最常見的實驗評估時間。

淨化生命根源，啓動青春活力

營養師 楊莉君（Vivian Yang）
中華民國營養師證照／輔仁大學 食品營養學系碩士

保持腸胃道的健康，自古以來就是中西醫學一致追求的目標，中醫認爲腎爲先天之源，脾胃爲後天之本，古代金朝李東垣的《脾胃論》一書也強調：「脾胃不足，爲百病之始。」而俄國的細胞免疫學大師、諾貝爾獎得主梅奇尼科夫（Elie Metchnikoff）曾說：「死亡從大腸開始」；德國諾貝爾獎得主畢爾勒也說：「青春自腸清」！

但是近年來，由於國人飲食西化，肉類、脂肪、精緻食物攝取比例增加，纖維質含量多之蔬果攝取量減少；加上環境污染、食品添加劑、藥物等的濫用，腸胃道接收了大量的毒素，導致細胞基因突變，罹癌率直線攀升。這可由歷年國人10大癌症死因中，腸胃道方面癌症就佔了5名（大腸癌、肝癌、胃癌、食道癌、胰臟癌），可知道國人對於腸胃道的保健不甚重視！事實上，一旦腸胃道發生惡性腫瘤，代表身體已經嚴重功能失調了。

研究發現，要增進腸道健康的方法，可透過增加腸道內的原生益菌做起！但每個人腸內菌叢的種類和比率都不一樣，A小姐身上的腸內細菌，不見得會在B先生的腸道裡找到，因爲腸內細菌會隨著個人成長的環境和飲食生活，而產生不同組合的腸內菌叢。故如何增加專屬於自己的腸內原生益菌，才是徹底改善腸道環境、增進腸道健康、遠離疾病痛苦的根本辦法。

而新一代的「益生菌生成物」，可以有效改變每個人的腸道菌叢生態，幫助維持消化道機能，更可讓排便順暢、增加體力，淨化生命根源並啓動青春活力。

益生菌生成物是腸道全局的協調者

營養師　陳冠丞（Ryan Chen）
中華民國營養師證照／弘光科技大學　食品營養系學士

「益生菌生成物」算是一種相當新穎的營養學概念，說新穎其實算是客氣的了，你如果去問10個在醫院執業的營養師，大概有8個人會露出疑惑的表情，然後在他還沒有接收到更多的資訊之前，就強烈地提出質疑，而且不久之前，我就是其中一個！

但是透過逐漸地了解後，我發現，其理論基礎其實跟我們在學校學到的並無二致。

傳統上的營養學認爲消化吸收的自然過程當中所牽涉到的化學反應、酵素反應是可以被逐漸「訓練的」，例如腸胃手術後的病人，一開始只可以吃流質食物，一段時間後再依序增加固體的食物比例，最後恢復正常飲食，這就像是一種幫助腸道「復健」的過程，但若復健過程不順利，營養師們就必須利用特殊的營養添加劑來協助改善腸道的功能。

在健康或亞健康的人身上（事實上，吃了太多加工食品的現代人，腸道不健康的比例驚人），透過「益生菌生成物」的協助，就像我們在病人身上使用的多種添加劑一樣，能達到腸道菌叢重整的效用，只是效用更全面。相較之下，單一或補充多種益生菌只能算是治標不治本的做法，因為益生菌只能算是被動的補充，而「益生菌生成物」的原理，就像是一個綜觀全局的協調者，如果你的腸道像是一間公司，那透過「益生菌生成物」的補充，就像是換了一個有如賈伯斯的CEO一樣。

如果你拜讀過新谷醫師的書，就能了解腸道功能與整個身體的調節功能是息息相關的，不需我多贅述，因為你已經拿起這本書，翻到這個篇幅，又朝更健康的生活邁進了一大步。

益生菌生成物讓人體更容易吸收

營養師　馬綉嵐（Sara Ma）
中華民國營養師證照／中國文化大學　食品營養系學士

人體內，同時存在有益菌及壞菌，而且其必須維持在一個平衡點上，才能確保我們人體內在的健康及外在的容光煥發。家喻戶曉的益生菌站在這平衡點上，爲我們抵抗壞菌，讓身體獲得許許多多的益處。

隨著健康觀念的累積及科技的進步，專家發現除了單一益生菌有好處外，可以透過專業技術讓多種擁有獨特性的益生菌生活在一起（或稱「共生」），發酵培養出更有價值的物質。

擁有米其林名號的餐廳已與美味與烹調技術畫上等號，越多顆星更代表餐廳的更上一層樓，「分子烹調」更是這幾年來美食界熱烈討論的話題，它強調了解食物中不同的小分子，創造出更美味及特別的口感。

就營養學的角度亦然，從前強調大分子的營養素——醣類、脂肪和蛋白質，但並不代表人體可以完全吸收利用；現今強調營養素在體內代謝的狀況——小分子的營養，例如：「益生菌生成物」、胜肽等，便是現在熱門的課題，小分子有能力迅速提供人體需要及延長其效果。

如何將大分子轉換成小分子，除了身體本身的分解能力外，將食材與獨特性的益生菌共同發酵培養也可獲得，稱「益生菌生成物」。

這類的營養品非常適合現代人的生活；因爲現代人免疫力差、容易感冒、勞累虛弱、常常便祕，體重過度累積也造成心血管疾病的增加，「益生菌生成物」可提供小分子的營養讓人體快速利用，促進體內環保，將可能引起生病的壞東西趕出體內，讓您天天開心，輕鬆順暢的過日子。

益生菌生成物對人體健康的幫助

營養師　葉冠煌（Nelson Yeh）
中華民國營養師證照／中國醫藥大學　營養學系學士

弗萊明（英國的微生物學家）在一九二八年，從青黴菌中發現了青黴素可能可以殺菌，開始研究它對人體有無益處。研究結果顯示，它對於人類各項傳染疾病都可以改善，因此人類平均壽命也得以延長。而微生物學家開始開發並利用「微生物發酵技術」，大量生產青黴菌的代謝生成物——青黴素，應用於全球的醫療體系中。這也是微生物發酵技術的開端，開啓微生物發酵技術的發展！

微生物的技術發展，可說是遍佈各項產業，例如：一九九〇年第一次波斯灣戰爭，伊拉克將原油排放到波斯灣中，造成嚴重污染。當時，借助微生物技術的力量來解決採用一種特殊細菌——阿加利埃菌，這種微生物會吃原油，再代謝成對環境無害的物質；還有利用微生物發酵技術處理工業廢水、廚餘、河水淨化、水庫淨化……等，對人類健康最重要的幫助，就是這種技術已經發展於一般保健食品中！

近年來，隨著健康意識之提高，大家對於食品機能莫不寄予絕大的關心。對於人體有益的食品資訊，往往使消費者產生極大的迴響，甚至形成一種社會現象。全球各大營養品或食品公司不斷地找尋好的微生物，而它的代謝生成物，對人體健康有幫助的。不同的微生物會代謝出不同的代謝生成物，例如：對人體有益的必須胺基酸、維生素、礦物質、各類多種胺基酸結合的胜肽、特異抗體物質、免疫細胞激活物質、有機酸……等，這些微生物代謝產物，其中有以「益生菌生成物」爲最新穎的產物。「益生菌生成物」對人體一定要具備淨化血液、防止腸道腐敗、防止異常細胞（腫瘤）的發生、病毒的撲殺、保護人體正常細胞的功能！如何找到很棒的微生物及穩定的發酵技術，這對於健康產業是非常大的挑戰！

第六章

益生菌生成物的 Q&A

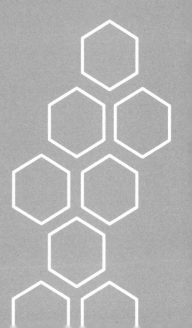

Q1 「益生菌生成物」的構成要素是什麼？為何能使腸道益菌增加？

A 「益生菌生成物」含有果寡醣、活性異黃酮、多醣體、天然皀苷（皀素）、核酸、必需胺基酸、天然維生素與礦物質等多種成分，每一成分經巧妙的結合，才能有多種生理活性功效。同時因於體外模擬腸道環境、並採用特殊厭氧共生發酵技術，所以分子量微小，不僅於人體腸道可直接吸收利用，還可同時提供腸道原生益菌所需要的營養，還能增加體內原生益菌數量，達到眞正的養菌功能。

Q2 「益生菌生成物」除了大豆皀苷、各種必需胺基酸與木酚素外，還有哪些珍貴成分？

A 「益生菌生成物」除了大豆皀苷、各種必需胺基酸與木酚素外，還包含核酸、活性異黃酮、複合多醣體、卵磷脂、各種天然維生素與礦物質等。

Q3「益生菌生成物」可耐高溫嗎？

A 「益生菌生成物」不含活菌，不僅耐高溫而且不會影響營養成分的活性，可搭配任何溫度的開水，稀釋後飲用。

Q4「益生菌生成物」與一般益生菌產品有何不同？

A 市售益生菌產品多爲膠囊或粉狀包裝，標榜活菌種類與活菌數，但實際上一般活菌通常無法抗胃酸跟膽鹼，到達腸道前便已死亡，少部分經由特殊包覆技術處理過的益生菌雖然能順利到達腸道，但是外來的益生菌通常無法長留在腸道內，一般10～12小時候就容易被排出體外，需要大量且長期使用才可能對人體有益。而「益生菌生成物」是液態天然飲品形式，能耐高溫、耐酸、耐鹼，自然的讓腸道好菌增殖，改善腸道環境，同時液態形式，讓人體吸收快、效果好，是全家人不可或缺的健康補給品。

Q5 「益生菌生成物」與一般酵素產品有何不同？

A 一般酵素產品含有多種酵素，是以補充外來酵素的方式來增加體內酵素含量，如果溫度控制或品質管控不佳，就容易失去酵素活性。「益生菌生成物」不含任何酵素，但人體攝取後，會大量增加腸道好菌，腸道好菌本身具有製造酵素前驅物的能力，而這些酵素前驅物會轉變成身體所需要的酵素以供身體所需，因此「益生菌生成物」具有啓動、活化與加強身體自身製造酵素的能力。

Q6 「益生菌生成物」與市面上一般強調腸道保健、清除宿便的食品有何不同？

A 一般市售強調腸道保健與清除宿便商品，絕大多數都是利用難消化性纖維或者透過刺激大腸（直腸）蠕動，進而幫助排便，但大都忽略維持小腸健康的重要性，而「益生菌生成物」採用特殊的厭氧共生發酵技術，在體外模擬人體腸內共生生態，將富含天然養分的有機大豆與薏仁、芝麻等轉化為多種腸內益生菌生成物質，能長期且全方位的活化腸內益生菌，使腸道眞正發揮消化吸收、調節免疫與排除毒物之保健功效。

Q 7 哪些人適合食用「益生菌生成物」？

A 「益生菌生成物」爲天然發酵食品，製程中不添加任何化學物質、香料、色素或防腐劑等人工添加物，百分之百天然，安全無副作用，使用後不會對肝和腎造成負擔，大人、小孩、孕婦、幼童皆適合飲用。尤其是三餐不正常、經常外食、每天都會吃到肉類、不吃早餐、很少運動、35歲以上的青壯年、工作壓力大者，建議每天補充「益生菌生成物」來保養身體。

Q

8 痛風患者可以食用「益生菌生成物」嗎？

A

「益生菌生成物」屬於極低普林食品，對於身體絕不會造成任何危害，但因內含高量的珍貴天然小分子核酸，經證實食用核酸後身體會自然代謝出微量普林，所以對於嚴重痛風患者可能造成不適，因此嚴重痛風患者不建議食用，但若希望食用而改善其他腸道問題，請務必稀釋300～500 cc水後再飲用，並於日常生活中適量補充水分，即能自然代謝身體因食用核酸而產生的微量普林。

Q

9 素食者可以食用「益生菌生成物」嗎？

A

「益生菌生成物」採用天然素材（非基因改造大豆、薏仁、芝麻）作爲培養基的基底，加入七種益生菌叢進行共生培養發酵，製作過程中不添加任何食品添加物、人工香料與防腐劑，素食者可安心食用。

Q 10 癌症病患可以食用「益生菌生成物」嗎？

A 可以。「益生菌生成物」可幫助腸道中的好菌生長，調節身體免疫功能，提升身體抵抗疾病的能力，且含有大豆皂苷等抑制癌細胞生長的成分，因此癌症病患可安心食用。

Q 11 腎病患者可以食用「益生菌生成物」嗎？

A 腎病患者可以安心食用益生菌生成物。因爲益生菌生成物爲低磷、低鉀、低鈉食品，非常推薦給腎病患者食用，益生菌生成物對於腸道健康有明顯的功效，腸道健康代表其排毒功能健全，減少毒素進入血液、肝臟及腎臟，不僅減輕肝腎負擔，更能維護器官功能，是一種全方位且維持身體健康基礎的天然食品。

Q 12 肝病的人可以食用「益生菌生成物」嗎？

A 當然可以，而且推薦肝病患者更應該食用「益生菌生成物」。因為「益生菌生成物」對於腸道健康與營養素代謝、分解、吸收有明顯的功效，腸道健康代表其排毒功能健全，減少毒素進入血液與肝臟，同時還可以提升肝臟解毒酵素的活性，患有肝病者食用後就會有精神明顯好轉現象，請長期食用。

Q 13 過敏的人可以吃「益生菌生成物」嗎？

A 「益生菌生成物」可以有效改善過敏現象，因為「益生菌生成物」能夠調節與活化免疫能力，針對易感冒、感冒後不易痊癒、壓力大、體質虛弱者，甚至是過敏、氣喘等疾病，都有絕佳的健康促進效果，請安心食用。

Q

14 糖尿病患者可以食用嗎？

A

當然可以，「益生菌生成物」屬於無糖分、低碳水化合物、低熱量的食品，糖尿病患者可安心食用。初期食用建議可加大食用量，於每天早中晚餐前各食用一瓶並稀釋食用，待症狀開始改善後減量爲每天早、晚餐前食用一瓶，並請持續食用。

Q

15 有胃炎或者胃潰瘍等患者，該如何食用，食用量為何？

A

胃部有發炎受損與潰瘍等現象者，初期請先嘗試飯前稀釋食用，若稀釋食用後並不會產生任何疼痛現象，就請持續於早晚餐前稀釋300 cc溫開水飲用，若初期餐前稀釋後飲用會產生輕微疼痛現象，則請改於飯後稀釋飲用。同時每次食用建議爲單瓶量即可，勿單次食用太多瓶量，可分次食用，效果較佳。

Q

16 六歲以下兒童可以食用「益生菌生成物」嗎？

A

任何年齡層都可以食用「益生菌生成物」，但因產品pH質較低（較酸），故若3歲以下的兒童希望食用此產品，請務必稀釋後再食用，且每日飲用量不建議超過一瓶。

Q

17 剛完成手術或者準備進行手術患者可以食用嗎？

A

剛進行手術或者即將進行手術患者，除醫生規定之禁食日期外，建議於手術後先加大劑量，早、中、晚餐前各稀釋一瓶食用，增加營養吸收與加快傷口癒合，待身體逐漸恢復後再減少食用量。

Q18 孕婦可以食用「益生菌生成物」嗎？

A 當然可以，而且特別推薦給孕婦使用。媽媽的腸道健康，就能吸收好的營養提供給胎兒，幫助胎兒的成長發育；另外，腸道健康、排便順暢，亦可減少體內毒素的累積，避免胎兒受到影響。

Q19 「益生菌生成物」最佳食用方法？如何食用最有效？

A 早餐空腹前食用效果最佳，或者一般正餐空腹前食用效果較好，可於腸道直接吸收利用，使腸道眞正發揮消化吸收、調節免疫與排除毒物之保健功效。因爲「益生菌生成物」爲高濃縮物，若能稀釋300cc溫開水（40～50攝氏度）後飲用效果更佳。

Q 20 「益生菌生成物」要如何食用？一定要稀釋嗎？

A 「益生菌生成物」每日食用1～3次，每次一瓶，早上起床空腹食用與晚餐餐前空腹食用效果較佳。如果腸胃道較敏感的人，可以300cc飲用水依個人喜好溫度，稀釋後飲用。

Q 21 食用「益生菌生成物」初期，會有哪些明顯反應？

A 「益生菌生成物」屬於天然發酵食品，不會對人體產生任何不良反應，但在食用初期，腸道中好菌增殖時，會有腸道蠕動加快的情形發生，有些人會有輕微腹瀉的情況，這是正常現象，請勿擔心。

Q 22 當最近身體狀況不佳時，需要增加「益生菌生成物」的食用量嗎？

A 可以酌量增加食用量，因爲「益生菌生成物」可以調節身體免疫力，身體狀況不佳時，可以提升抵抗疾病的能力。

Q 23 「益生菌生成物」可以和藥物一起服用嗎？有在服藥者，需要停藥嗎？

A 我們建議空腹時食用「益生菌生成物」，而大多數藥物建議在飯後食用，因此兩者不會產生任何影響，可繼續服用藥物；少數需要飯前食用的藥物，建議兩者可間隔一小時以上即可。

Q

24 「益生菌生成物」若添加現榨果汁或蜂蜜調和是否會降低其功能性？

A

不會降低效果，若您同時添加的是天然果汁等食品，還能增加您營養素與礦物質的吸收，故於空腹餐前食用效果較好。

Q

25 食用「益生菌生成物」改善腸道環境，需要食用多久時間才會見效？

A

經日本相關臨床實驗證實，食用一個月超過五成以上的人就能得到改善，食用超過三個月的人都能得到大部分腸道症狀的改善。

Q

26 為什麼初期食用「益生菌生成物」時會有便祕或排泄不順現象？

A

初期食用「益生菌生成物」，因體內腸道進行排毒、抑制與排出有害菌及重建腸道功能等，因此需要足量水分進行腸道蠕動排出，故初期食用有此現象者，建議於早晚餐前食用，並稀釋300～500cc開水後飲用效果更佳。

Q 27 為什麼初期食用「益生菌生成物」時會有輕微失眠問題？

A 「益生菌生成物」因含胺基酸與對人體有益的營養素，故能提振精神與修護肝臟細胞，故不建議睡前食用。如服用後有此困擾者，建議於白天食用，即可改善此狀況。

Q 28 「益生菌生成物」吃多久會有效果？

A 依個人體質與健康狀態的不同，每個人使用後對於健康的改善程度與速度並不一樣，大部分的人在食用後就會有立即性的感受。以便祕或腹瀉爲例，經實際使用後反應，約3～7天即有明顯感受到症狀的改善。只要耐心的持續食用，

「益生菌生成物」一定會在體內發揮作用，使身體得到眞正的健康。

Q 29 食用「益生菌生成物」會有甚麼好轉反應？

A 一般人食用「益生菌生成物」後都會發現自己排便順暢且不易感冒，女性朋友也能發現皮膚變得細緻光亮、生理週期穩定且經血顏色鮮紅，男性朋友可以感受到精力改善、工作效率與記憶力提升，孩童或者年長父母與銀髮族可以感覺體力變好，身體行動輕鬆，調整體質與改善過敏。同時依照個人體質狀態的不同，初期食用會有不同的反應，此乃「益生菌生成物」調整體質的好轉反應，在中醫稱爲瞑眩反應，遇到此現象無須擔心，請持續食用「益生菌生成物」即可。常見好轉反應如下：

胃潰瘍或胃部容易不適與吸收能力差者，在使用「益生菌生成物」初期1～4天可能會有胃部微疼、悶熱感覺、胃部或小腹感覺持續蠕動、輕微發燒等，以上現象都是調整體質中發生的現象，請持續安心食用。

風濕痛或關節炎患者使用後第一周可能產生關節輕微疼痛或者感覺局部發

熱，屬正常現象，請放心。

患有氣管或支氣管炎與肺部氣虛呼吸不順者，在飲用初期（第一周）可能會出現咳嗽與咳痰之反應，同時會感覺胸部輕微悶熱亦屬正常現象。

容易感覺疲倦，精神狀態不佳者，初期食用可能會於臉上冒痘痘或者輕微皮膚發癢與火氣較大，亦屬調整體質中的排毒與好轉反應，請於食用時務必搭配大量飲水，就能縮短好轉反應時間，而且會感覺精神明顯好轉，氣色轉佳。

經常失眠與多夢同時腸胃吸收不良，造成精神不佳者，初期食用會感覺肚子容易飢餓，此爲調整體質之正常反應，請務必正常進食，提供器官與身體足夠的營養素，就會得到改善。

Q 30 食用「益生菌生成物」是否會有依賴性？停止食用後會不會變得更糟？

A 不會，且於不食用後仍能維持一段時間的腸道健康維護，但因環境不斷惡化，食物越來越不安全，除非不再進食，否則腸道會持續惡化而造成疾病的產生，所以建議大家要持續的食用，維持腸道健康才能維持身體的健康。

Q

31 食用初期對於腸道改善會有何明顯症狀出現？

A

食用「益生菌生成物」第一周，就會明顯感覺所排出的糞便，氣味不再惡臭，且顏色會逐漸偏近似於黃色，但為提升效果，食用初期請注意飲食均衡，避免食用過多油炸食物與易刺激食物。

Q

32 一天當中何時是食用「益生菌生成物」的最佳時機？

A

建議早上空腹與晚餐前空腹食用效果較佳，但如果胃極度敏感或有胃潰瘍的人，初期建議餐後食用。

Q33 一開始食用「益生菌生成物」會有哪些明顯的感覺？

A 「益生菌生成物」是直接作用在腸道，透過腸道活化調整，有些人會出現「排便極度順暢」、「肚子蠕動感強烈」的感覺，請勿擔心，這些都是正常的現象。

Q34 若有在食用維生素或其他功能性保健品，是否還能食用「益生菌生成物」？

A 當然可以，「益生菌生成物」是一種全天然保健食品，只要依照自身的健康狀態並與一般市售的天然維生素與礦物質及其他天然保健食品一同食用，不會產生副作用，還能增加一定比率的吸收利用率，故請安心食用。

Q 35 嚴重便祕患者，為何已食用一個月以上但卻無顯著改善？

A 若已是嚴重便祕患者，或必須長期依靠瀉藥、洗腸劑才能進行排便，因腸道自行蠕動與代謝能力受損太嚴重，且因長期食用過量的瀉藥與其他強制性排便藥品，造成腸道蠕動能力幾乎喪失，透過「益生菌生成物」可協助重新恢復或逐漸改善腸道蠕動能力。然而需要一定時間的調理週期，畢竟腸道受損並非短期造成的，故此時一定要保持耐心與毅力，持續食用「益生菌生成物」，使之逐漸恢復腸道健康。回復腸道健康的同時，請記得充足的水量攝取（每天飲水2000 cc），儘量不要過度緊張與壓抑心情，同時可以搭配複合纖維素或者多攝取高纖與深綠色蔬菜及蘋果，如果能同時飲用一杯黑咖啡（不加糖與奶精的現煮咖啡）效果會更好，並逐步使腸道恢復健康。

Q 36 為什麼初期食用會有感覺便祕、輕微胃脹氣或者輕微胃腫脹等問題？

A 若之前並沒有便祕困擾，但在初期食用「益生菌生成物」時，卻發生便祕現象、且感覺好像胃部有輕微腫脹的人，請不用擔心。若是屬於平常用餐速度太快太急，且容易發生胃脹、胃酸過多、且四肢臉部容易水腫與精神狀況不佳，同時容易有腰痠背痛等現象者，因胃腸道在不良的生活習慣影響下，其實已受損或正在受損中而不自知。此時食用「益生菌生成物」，其在協助調整腸道功能與恢復腸道健康時，會有一段營養吸收調整期，在調整過程中，身體需要較大量的水分，若飲水量不夠或者飲食過鹹，都有可能產生5～10天的排泄不順現象，此時請務必耐心繼續飲用，或者可以先減半飲用劑量，讓改善過程效果先減緩，待恢復正常排便或者每日固定排便後，再恢復劑量亦可。

《龍村式手指瑜伽》

龍村修◎著　李毓昭◎譯　定價：250元

★ 國立台北教育大學運動科學博士蔡祐慈　推薦

★ 國際沖道瑜伽大師　龍村修教你最簡單的瑜珈健康法

透過手指與身體對話，傳導全身「經絡」系統，
與「針灸」、「穴道按摩」有異曲同工之妙。
圖解指導，立即上手，隨時隨地都能做。

《龍村式呼吸養生法》

龍村修◎著　蕭雲菁◎譯　定價：250元

★ 誰都能學會的24小時龍村式呼吸健康法

你的呼吸方法正確嗎？
只要長期累積正確呼吸的功效，就能換得健康的身體；
甚至可以改變細胞蛋白質與血液的品質。

《人體經絡瑜伽》

蔡佑慈◎著　定價：280元

★ 暢銷作家·瑜珈女王蔡佑慈最新力作

想疏通大腸經、肝經、膽經、膀胱經，
經絡瑜伽就能輕鬆達到。
瑜伽不只塑身養生，還能預防改善疾病。

《大便會說話》

南浩濯◎著　宇忠信◎譯　定價：250元

★ 好便、壞便、奇怪的便，都在傳遞著人體疾病的訊息

看屁眼醫師教你如何認清自己的「糞便」，
挑出身體的毛病！

《心靈瑜珈曼陀羅【圖解入門】》

田原豊道◎著　伊藤武◎繪圖　蕭雲菁◎譯　定價：230元

★ 身體是一座宮殿，人必須不時膜拜它

一套配合春夏秋冬，以四季四種呼吸方式，
結合16種瑜伽身印，所設計出一連串的淨化身心靈的姿勢。

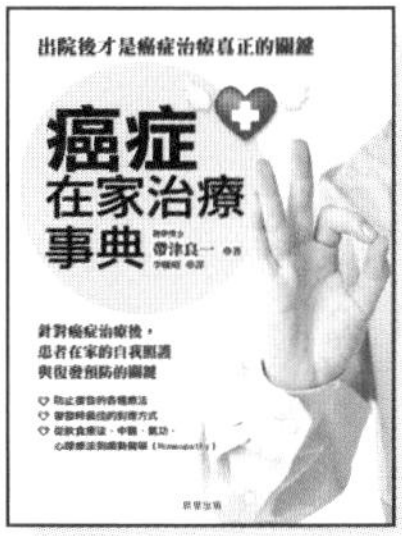

《癌症在家治療事典》

帶津良一◎著　李毓昭◎譯　定價：350元

★ **出院後才是癌症治療真正的關鍵**

癌症「復發」通常是所有醫生最難解決的難題，
為了痊癒，
真正的戰鬥在「出院後」才開始！

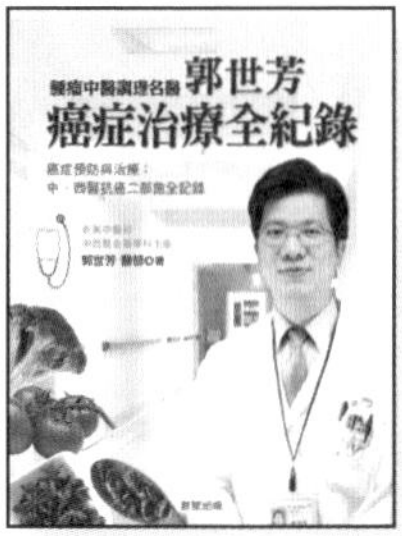

《郭世芳癌症治療全紀錄》

郭世芳◎著　定價：250元

★ **罹患癌症以後，西醫並不是唯一的治療之路**

中西醫的整合治療，不但能提升癌症的治癒率，
還能有效的幫助罹癌的病患，
緩解治療時的不適感。

《自己做藥酒》

陳潮宗◎著　定價：250元

★ **36道祛病、養生、補身藥酒，DIY製作大公開。**

冬天怕冷喝點養生酒最適宜，
中醫陳潮宗博士教你如何製作最適合自己的養生酒。

《胃腸會說話》

新谷弘實◎著　張佳微／黃郁婷◎譯　定價：250元

★ **以內視鏡看過30萬人的胃腸相，提出世界最具權威的健康法**

不生病的醫師 Dr.新谷弘實的成名作
一本讓你免於疾病恐懼的書
有50%以上的癌症來自於胃腸疾病，你知道嗎？

《自己就能做的腸道淨化法》

武位教子◎著　新谷弘實◎監修　李毓昭◎譯　定價：250元

★ **腸道乾淨就是身體健康的關鍵**

本書教你每天15分鐘，在家就能輕鬆愉快地做腸道淨化。
方法簡單且具立竿見影的效果，不僅能確實排除體內毒素，
更能有效恢復你的青春與健康。

國家圖書館出版品預行編目資料

吃好菌不如養好菌——益生菌生成物的驚人效果 / 謝明哲監修；安靖汝、李玲宜、楊莉君合著.——初版.——台中市：晨星，2012.07
面; 公分，（晨星叢書；13）

ISBN 978-986-177-613-2（平裝）

1.乳酸菌 2.健康法

369.417 101010665

晨星叢書 13

吃好菌不如養好菌

——益生菌生成物的驚人效果

監修者 謝明哲
作者 安靖汝、李玲宜、楊莉君合著
主編 莊雅琦
編輯 陳珉萱
網路編輯 游薇蓉
美術排版 林姿秀
封面設計 陳其煇

負責人 陳銘民
發行所 晨星出版有限公司
台中市407工業區30路1號
TEL：（04）2359-5820 FAX：（04）2355-0581
E-mail: morning@morningstar.com.tw
http://www.morningstar.com.tw
行政院新聞局局版台業字第2500號
法律顧問 甘龍強律師
承製 知己圖書股份有限公司 TEL：（04）23581803
初版 西元2012年07月31日

總經銷 知己圖書股份有限公司
郵政劃撥：15060393
（台北公司）臺北市106羅斯福路二段95號4F之3
TEL：（02）23672044 FAX：（02）23635741
（台中公司）台中市407工業區30路1號
TEL：（04）23595819 FAX：（04）23597123

定價250元
ISBN 978-986-177-613-2

Published by Morning Star Publishing Inc.
Printed in Taiwan

◆讀者回函卡◆

以下資料或許太過繁瑣，但卻是我們瞭解您的唯一途徑

誠摯期待能與您在下一本書中相逢，讓我們一起從閱讀中尋找樂趣吧！

姓名：＿＿＿＿＿＿＿＿ 性別：□男 □女 生日： / /

教育程度：□小學 □國中 □高中職 □專科 □大學 □碩士 □博士

職業：□學生 □軍公教 □上班族 □家管 □從商 □其他＿＿＿＿＿＿＿＿

月收入：□3萬以下 □4萬左右 □5萬左右 □6萬以上

E-mail：＿＿＿＿＿＿＿＿＿＿＿＿ 聯絡電話：＿＿＿＿＿＿＿＿

聯絡地址：□□□＿＿＿＿＿＿＿＿＿＿＿＿＿＿＿＿＿＿＿＿

購買書名： 吃好菌不如養好菌

・從何處得知此書？

□書店 □報章雜誌 □電台 □晨星網路書店 □晨星養生網 □其他＿＿＿＿＿

・促使您購買此書的原因？

□封面設計 □欣賞主題 □價格合理

□親友推薦 □內容有趣 □其他＿＿＿＿＿＿＿＿＿＿＿＿＿＿＿＿

・您有興趣了解的問題？（可複選）

□中醫傳統療法 □中醫脈絡調養 □養生飲食 □養生運動 □高血壓 □心臟病

□高血脂 □腸道與大腸癌 □胃與胃癌 □糖尿病 □內分泌 □婦科

□懷孕生產 □乳癌／子宮癌 □肝膽 □腎臟 □泌尿系統 □攝護腺癌 □口腔

□眼耳鼻喉 □皮膚保健 □美容保養 □睡眠問題 □肺部疾病 □氣喘／咳嗽

□肺癌 □小兒科 □腦部疾病 □精神疾病 □外科 □免疫 □神經科

□生活知識 □其他＿＿＿＿＿＿＿＿＿＿＿＿＿＿＿＿＿＿＿＿＿＿

以上問題想必耗去您不少心力，爲免這份心血白費

請務必將此回函郵寄回本社，或傳眞至（04）2359-7123，感謝您！

◎每個月15號會抽出三名讀者，贈與神祕小禮物。

晨星出版有限公司 編輯群，感謝您！

請填妥後對折裝訂，直接投郵即可，免貼郵票。

廣告回函
台灣中區郵政管理局
登記證第267號
免貼郵票

407

台中市工業區30路1號

晨星出版有限公司

請沿虛線摺下裝訂，謝謝！

更方便的購書方式：

（1）網　　站　http://www.morningstar.com

（2）郵政劃撥　戶名：知己圖書股份有限公司　帳號：15060393
請於通信欄中註明欲 買之書名及數量。

（3）電 話 訂　如為大量團 可直接撥客服專線洽詢。

如需詳細書目可上網查詢或來電索取。

客服專線：（04）23595819#230 傳眞：（04）23597123

客服電子信箱：service@morningstar.com.tw